beck'sche
reihe

b'sr

Wo sonst finden Sie Themen wie diese zwischen zwei Deckeln vereinigt? Der allergrößte Kartentrick aller Zeiten, die Umrechnung von gemessenen in gefühlte Temperaturen, die Mathematik des Fußballs, ein Schnellrechnen-Schnellkurs, die Eheformel, ein Plädoyer für die Einführung der 137-Cent-Münze, mathematische Lyrik, eine Anleitung für Automaten, Passwörter zu prüfen, ohne sie zu erkennen, die bedeutendsten Mathematikerinnen der Geschichte, eine Möglichkeit, sich die vierte Dimension vorzustellen, Faustregeln für fast alle Fälle der Welt und Vielfältiges andere mehr. Das Buch kommt fast ohne Formeln aus. Es ist eine flammende Hommage an die Mathematik nach gut dreißigjähriger Beschäftigung mit ihr aus nächster Nähe.

Christian Hesse promovierte an der Harvard University (USA) und lehrte an der University of California, Berkeley (USA). Seit 1991 ist er Professor für Mathematik an der Universität Stuttgart. Im Verlag C.H.Beck sind von ihm erschienen: *Das kleine Einmaleins des klaren Denkens. 22 Denkwerkzeuge für ein besseres Leben* (^{3}2010); *Warum Mathematik glücklich macht. 151 verblüffende Geschichten* (^{3}2011); *Achtung Denkfalle! Die erstaunlichsten Alltagsirrtümer und wie man sie durchschaut* (2011).

Christian Hesse[s]

Mathematisches Sammelsurium

C.H.Beck

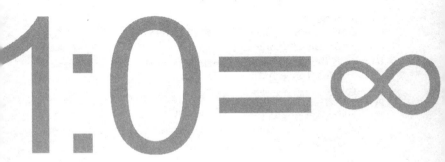

Mit zahlreichen Abbildungen im Text

Originalausgabe
© Verlag C. H. Beck oHG, München 2012
Satz: Janß GmbH, Pfungstadt
Druck und Bindung: GGP Media GmbH, Pößneck
Umschlaggestaltung: malsyteufel, Willich
Autorenfoto: © Ivo Kljuce
Printed in Germany
ISBN 978 3406 63706 3

www.beck.de

Inhaltsverzeichnis

1. An alle Zahlen dieser Welt 13
2. Zauberhaft (I) 16
3. Apps für alle (I) 19
4. Urban Legends 21
5. Die Limerick-Trilogie vom Problemlösen 22
6. Schnellrechnen-Schnellkurs 23
7. Überleben der Schwächsten 26
8. Paradoxes beim Würfelwerfen 31
9. Außergewöhnliche Bücher 33
10. Mathematikunterricht: vorgestern bis übermorgen . 35
11. Standesgemäße Todesarten 37
12. Wunderschönheiten im Wettbewerb 38
13. Bedeutende Mathematikerinnen (I) 40
14. Wo sind die Hetären hin, wo sind sie geblieben? . . . 42
15. Der erste mathematische Indizienbeweis vor Gericht 42
16. Zauberhaft (II) 43
17. Apps für Ältere oder Älter werden für Anfänger 45
18. Bienenahnenforschung 46
19. Erlebnis-Mathematik in Romanen 49
20. Mathematik nach meinem Geschmack (I) 50
21. Schlaue Sätze schlauer Menschen zur Mathematik . 52
22. Vom Schlauesten von allen 53
23. Definitionen 54
24. Meine Version 54
25. Exegese für Experten 55
26. Mengenlehre, linguistisch 57
27. Mengenlehre, cartoonistisch 58
28. Selbstbezügliche Sätze (I) 59
29. Mathematiker-Schnelltest 60
30. Eignungstest für Mathematiker 61

31.	Wo, wie und wann Mathematik gemacht wird	62
32.	Mathematisierung des Fußballspiels	62
33.	Zurück zur Brüderlichkeit	65
34.	Die Eheformel	67
35.	Statistizid	69
36.	Die Negation des Negativen	71
37.	Der logische Mount Everest	74
38.	Einfachheit durch Einsilbigkeit	75
39.	Mathematische Erfolgsgeschichte	76
40.	Wenn Unwahrscheinliches in Serie geht	76
41.	Bruchrechnung im Namen des Volkes	78
42.	Man-in-the-middle-Angriff (I)	79
43.	Man-in-the-middle-Angriff (II)	80
44.	Zauberhaft (III)	83
45.	Taxi-Numerologie	84
46.	Zauberhaft (IV)	86
47.	Apps für alle (II)	87
48.	Zauberhaft (V)	89
49.	Fermats letzter Satz und Wolfskehls letzter Wille . .	91
50.	Die sicherste Art der Fortbewegung	93
51.	Zahlen lügen nicht, oder? (I)	94
52.	Zahlen lügen nicht, oder? (II)	96
53.	Urban Legends	98
54.	Amida-kuji	99
55.	Strong but Wrong	101
56.	Plädoyer für die Einführung der 137-Cent-Münze . .	103
57.	Bedeutende Mathematikerinnen (II)	106
58.	Drei Hauptsätze der Statistik	108
59.	Drei Hauptsätze der Computer-Programmierung . .	108
60.	Das Linda-Experiment	109
61.	Asymmetrische Tiere	110
62.	Kleines Paradoxicon	112
63.	Aus dem Zahlen-Zoo	113
64.	Schwarzes Loch (I)	115
65.	Schwarzes Loch (II)	116

66.	Kunst der Konversation	117
67.	Für Rechts- und Linksleser	118
68.	Apps für alle (III)	120
69.	Mathematik nach meinem Geschmack (II)	121
70.	Empirische Gesetze (I)	122
71.	Empirische Gesetze (II)	124
72.	Empirische Gesetze (III)	126
73.	Nature knows best	127
74.	Apps für alle (IV)	130
75.	Zahlensprech (I)	131
76.	Aus einem meiner Liederbücher	132
77.	Probleme in neuer Darreichungsform	135
78.	Doing nothing and doing it really well	137
79.	Mit Mathematik Geld verdienen (I)	138
80.	Mit Mathematik Geld verdienen (II)	140
81.	Etwas vom Computer	141
82.	Error Message 404	142
83.	Argumentum Ornithologicum	143
84.	Logik auf Abwegen	144
85.	Pizza-Teilungstheorem	147
86.	Analogeleien	148
87.	Witze für Witznovizen	149
88.	Bedeutende Mathematikerinnen (III)	150
89.	Dozenten-Sentenzen	151
90.	Ungewöhnliche Maßeinheiten	152
91.	Die Topologie von Weste und Jackett	154
92.	Ultra-Kurz-Beweise	156
93.	Quantitative Entscheidungshilfe	159
94.	Mathematik ist, wenn ...	160
95.	Keine Milchmädchen-Mathematik	160
96.	Weißt du, wie viel ...?	161
97.	Bedeutende Mathematikerinnen (IV)	163
98.	Zufallsangelegenheiten	164
99.	Angst vor der 13	165
100.	Hüte und Helme	166

101.	Knotentheorie für Kinder	167
102.	Beziehungsgeflecht	168
103.	Stoßen Sie in die vierte Dimension vor	168
104.	Aus ausgewählten IQ-Tests	171
105.	Zauberhaft (VI)	173
106.	Aus der Nützlichkeiten-Ecke	175
107.	Mathematik und Schach	177
108.	Sonntagskinder und andere	179
109.	Die Mutter aller Disziplinen und die Großmutter	182
110.	Schlauer Menschen Sätze über die Mathematik	183
111.	Buchweisheiten	185
112.	Zahlensprech (II)	185
113.	Apps für alle (V)	186
114.	Mathematische Lyrik	189
115.	Selbstbezügliche Sätze (II)	190
116.	Unendliche Erwartungen	193
117.	Das tausendmal tolle Theorem	195
118.	Kontraintuitiv	197
119.	Mathematiker for President	198
120.	Statistisch Signifikantes (I)	199
121.	Statistisch Signifikantes (II)	201
122.	Murphyologie	201
123.	Noch mehr Gesetze	203
124.	A la recherche du temps perdu	203
125.	Links-rechts-Asymmetrie	205
126.	Oben-unten-Asymmetrie	206
127.	Ein Passwort prüfen, ohne dass man es kennt	207
128.	Zeichensprache	208
129.	Permutationspoetik	208
130.	Zauberhaft (VII)	210
131.	Schaffenskraftwerk und Zehntausendsassa	212
132.	Zauberhaft (VIII)	214
133.	Das Unendliche	215
134.	Wahrscheinlichkeiten	216
135.	Genius contra Gegengenius	217

136. Mathematiker und der Tod 217
137. Letzten Endes 220

Anhang
   a. Anmerkungen 221
   b. Lösungen 225
   c. Verwendete und weiterführende Literatur 227
   d. Bild- und Textnachweis 230
   e. Dank 231
   f. Der Autor 232
   g. Register 233

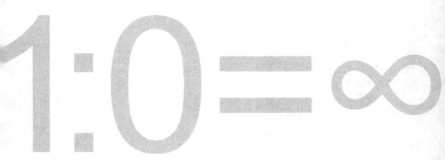

für Andrea
für Hanna
für Lennard

M. D. u. H.

Was Sie hier vor sich haben, ist eine durch Bindung zusammenge-
haltene Sammlung von weitaus mehr als 49 bedruckten Blättern
aus Papier. Laut Unesco-Definition ist es deshalb schon ein Buch.
Doch ich bin nicht die Unesco und für mich ist es weniger ein
Buch als ein Notizheft. Kein Kompendium, sondern eine Kompilation mathematisch angehauchter Gedankensplitter, allerdings
mit dem unbescheidenen Anspruch auf Einzigartigkeit: unent-
behrlich mal unerlässlich mal unersetzlich zu sein. Und zwar für
alle: vom manischen Mathematiker bis hin zum mathematopho-
ben Nichtmathematiker, für alle Freunde und Feinde dieser ex-
tremsten aller Wissenschaften.

Denn wahrlich, ich frage Euch: Wo sonst finden sich Themen
wie diese zwischen zwei Deckeln vereinigt?

- der allergrößte Kartentrick aller Zeiten
- die Umrechnung von gemessenen in gefühlte Temperaturen
- die Mathematik des Fußballs
- ein Schnellrechnen-Schnellkurs
- die Eheformel
- ein Plädoyer für die Einführung der 137-Cent-Münze
- mathematische Lyrik
- eine Anleitung, Passwörter zu prüfen, ohne sie zu kennen
- die bedeutendsten Mathematikerinnen der Geschichte
- eine Möglichkeit, sich die vierte Dimension vorzustellen
- Faustregeln für fast alle Fälle der Welt

Hier gibt es Wissenschaftler-Witze für Witznovizen, Bibel-Exe-
gese für Experten und manches mehr von Belang für den eiligen
Geist.

Formeln sind fast keine enthalten: In angestrebter Unverwech-
selbarkeit sprechen wir über Mathematisches, aber ohne Mathe-

matik. Martin Heidegger hätte sagen können: Das Nichts wird genichtet. Das wird es auch, aber auch etwas mehr. Und dieses Etwas ist nichts weniger als eine flammende Hommage an die Mathematik als coole Wissenschaft nach gut dreißigjähriger Beschäftigung mit ihr aus nächster Nähe.

Einem erfolgreichen Tag steht nun nichts mehr im Wege. Fangen wir gleich gemeinsam an: To Math-up your life. Und viel Spaß dabei. Ihr Christian Hesse

Mannheim, Stuttgart und andere Orte
im Frühsommer 2012

1. An alle Zahlen dieser Welt

Kaum eine andere Kultur macht ausgiebiger von der Möglichkeit Gebrauch, Zahlen mit Bedeutungen zu belegen, als die chinesische. Im Reich der Mitte ist das Reich der Zahlen mit einem Überbau von fein abgestimmten, unterschwelligen Nebenbedeutungen versehen, die über das rein Numerische hinausgehen. Den meisten Chinesen ist es ganz und gar nicht gleichgültig, von welchen Zahlen sie umgeben sind. Ihre Zahlenmystik beeinflusst ihr Zusammenleben vielschichtig und facettenreich. So lässt sich etwa der Status eines Chinesen schon an dessen Handynummer ablesen. Wie das?

Die chinesische Zahlensymbolik hängt letztlich damit zusammen, dass es in der chinesischen Sprache nur rund 400 verschiedene Silben gibt. Mit diesen müssen alle Wörter gebildet werden, natürlich auch die Zahlwörter. Kein Wunder, dass die Silben deshalb Mehrfachbedeutungen haben und multiversal einsetzbar sind. Als Nebeneffekt stellt sich der Eindruck ein, dass im Chinesischen alles irgendwie gleich klingt. Nicht nur Nichtchinesen denken das übrigens, auch die Chinesen selbst.

Was die Zahlen angeht, führt es dazu, dass viele Zahlwörter ähnlich klingen wie Nichtzahlwörter. Zahlwörter und Nichtzahlwörter haben ein intensives Miteinander. Abenteuerlich wird es dann, wenn die Nichtzahlwörter eine positive oder negative Bedeutung besitzen. Diese Bedeutung überträgt sich dann auf die Zahl.

Die 4 zum Beispiel ist eine Pechzahl, vergleichbar der 13 in unseren Breitengraden, nur noch viel stärker. Das Wort für 4 ist im Chinesischen «si» und das hört sich so ähnlich an wie das Wort für *Tod*. Krankenhäuser und Personenbeförderer achten in China peinlich genau darauf, dass ihre Telefonnummer keine 4 enthält. Viele chinesische Hotels und Bürogebäude weisen kein 4-tes

Stockwerk aus. Und sollten Sie selbst einmal in China weilen, vermeiden Sie es unbedingt, eine Anzahl von Gästen einzuladen, in der die 4 vorkommt, oder an einem Tag mit einer 4 im Datum einen Vertrag abschließen zu wollen oder am 4-ten eines Monats zu einem Ausflug einzuladen, oder einen Kuchen in 4 Stücke zu teilen ... Die 4 ist in China in jeder Hinsicht tabu.

Die 9 steht in der Hitliste der Zahlen weitaus besser da, wird sie doch mit «jin» so ausgesprochen wie das Wort für *lang andauernd*. Deshalb ist sie in allen Angelegenheiten, die Beziehungen betreffen, sehr beliebt. Am 9. 9. 99 gaben sich in China zigtausend Paare das Jawort.

Sprachverwirrung

«Das kommt mir spanisch vor», sagen die Spanier natürlich nicht. Sondern Sie beziehen sich auf das Chinesische. Ebenso die Ungarn, Niederländer und Polen. Die Rumänen beziehen sich aufs Türkische, die Türken aufs Französische und die Franzosen wiederum aufs Chinesische.

Am beliebtesten ist aber die 8. Sie wird im Kantonesischen «fa» ausgesprochen, was als weitere Bedeutungen *bevorstehender Reichtum* oder *Glück* einschließt. Die 8 ist für Chinesen die größte Glückszahl und manche von ihnen sind in der Lage und bereit, erhebliche Summen für Telefonnummern und Autokennzeichen mit einer 8 zu zahlen. In der Tat werden in China viele Autokennzeichen in öffentlichen Auktionen verkauft; die Preise für günstige Zahlenkombinationen liegen umgerechnet bei mehreren Tausend Euro. Ein hübsches Sümmchen im Reich der Mitte. Sichuan Airlines etwa zahlte 2003 umgerechnet rund eine Viertelmillion Euro, um sich die Nummer 88888888, achtmal die 8, für ihre Reservierungshotline zu sichern.

Ganze Sätze und also auch Aussagen lassen sich mittels aneinandergereihter Ziffern darstellen. Kürzlich ersteigerte ein Chinese für knapp 1 Million Euro[1] die Handynummer 13585858585. Liest man diese Zahl auf Chinesisch, klingt sie ganz ähnlich wie *Lass mich reich sein, reich sein, reich sein, reich sein.*

Auch um viele andere Zahlenkombinationen gibt es titanische Wettkämpfe. Die Bank of Communication erwarb 2005 für eine unbekannte Summe an der Hongkonger Börse die Wertpapiernummer 3328, was im kantonesischen Dialekt der Lautfolge für *leicht reich werden* entspricht.

Nach allem Gesagten ist es kein weiteres Wunder, dass die Olympischen Spiele von Peking am 8. 8. 08 begannen, abends um 8:08 und 8 Sekunden. Vorsichtshalber.

Kleine Zahlenkunde

Runde Zahlen für

... normale Menschen: 10, 100, 1000

... Mathematiker: Pi, e, i

... Fußballer: 11, 45, 90

... Köche: ¼, ½, 250

... Schwangere: 3, 9, 40

... Gesangsvereine: 5, 10, 25

... Finanzminister: −3 Bio., −120 Mrd.

... Physiker: $3 \cdot 10^8$, $2,4 \cdot 10^{-23}$

... Architekten: 90°, $100m^2$, 0,618

... Theologen: 1, 3, 12

... Marathonläufer: 42,195, 1/2

... Musiker: 12, 440, 23,46

... Statistiker: 0,05, 0,01, 68,3 %

... Geologen: 542 Mio., 145,5 Mio., 199,6 Mio.

... Astrologen: 4, 12, 144

... Kofferträger: 50, 1, 2

... Astronomen: 300 000, 9,5 Bio., 365,25

... rechte Deppen: 1889, 1933

... linke Deppen: 1917, 1922

... Karnevalsvereine: 11, 111

... Schachspieler: 8, 16, 64

Abbildung 1: «Bitte ziehen Sie eine Zahl.» Cartoon von Carroll Zahn

2. Zauberhaft (I)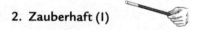

Der allergrößte Kartentrick aller Zeiten[2]

Jetzt wird's zum ersten Mal mirakulös. Hier können Sie die Weiterentwicklung eines berühmten Kartentricks von Fitch Cheney bestaunen, der bisweilen als «größter Kartentrick aller Zeiten» bezeichnet wurde. Also nennen wir ihn schlicht den allergrößten Kartentrick aller Zeiten. Er ist wirklich ein kleines Spectaculum und schulgerecht trickreich selbst im Sinne der Hohen Schule. Zudem ist er äußerst schwer zu durchschauen.

Auch bei dieser auf Brian Epstein zurückgehenden Variante hat der Zauberer, nennen wir ihn Tom, einen Assistenten, sagen wir Jerry.

Durchführung. Jerry gibt das 52er-Kartenspiel an einen Zuschauer zum Mischen. Er bittet anschließend den Zuschauer, ihm vier beliebige Karten zu reichen. Jerry schaut sich die Karten kurz an und gibt daraufhin eine an den Zuschauer zurück, der sie sich merkt und sie dann wieder im Kartenspiel verschwinden lässt. Jerry legt die verbleibenden drei der vom Zuschauer ausgewählten Karten in einer Reihe auf den Tisch, teils mit dem Bild nach oben, teils nach unten. Dann betritt der Zauberer Tom den Raum, schaut sich die drei von Jerry ausgelegten Karten an und kann dann die vom Zuschauer im Kartenspiel versteckte Karte heraussuchen.

Funktionsweise. Der Zauberer und sein Assistent kommunizieren über die drei ausgelegten Karten als Medium. Der Assistent legt diese Karten in einer Weise aus, dass der Zauberer die gesuchte Karte eindeutig identifizieren kann. Es klingt schon phantastisch, dass das möglich sein soll. Können Sie sich vorstellen, dass Sie aus folgender Lage der drei Karten

die gesuchte Karte ermitteln können? Erstaunlich, nicht? Es ist übrigens die Pik-2.

Tom und Jerry sprechen Folgendes vor der Ausführung des Tricks ab: Zunächst werden ohne das Pik-Ass die verbleibenden 51 Karten in drei Folgen 1, 2, 3 eingeteilt, und zwar bestehen diese aus den ursprünglichen Farben Kreuz, Karo, Herz, jeweils erweitert um vier Pik-Karten, speziell:

Folge 1: Kreuz-Ass, Kreuz-2, ..., Kreuz-K, Pik-2, Pik-3, Pik-4, Pik-5
Folge 2: Karo-Ass, Karo-2, ..., Karo-K, Pik-6, Pik-7, Pik-8, Pik-9
Folge 3: Herz-Ass, Herz-2, ..., Herz-K, Pik-10, Pik-B, Pik-D, Pik-K

Wenn nun der Zuschauer Jerry die vier Karten reicht und das Pik-Ass befindet sich unter diesen, dann gibt Jerry dem Zuschauer das Pik-Ass zurück und legt die übrigen drei Karten alle mit dem Bild nach unten in einer Reihe aus. Das ist das Erkennungszeichen für Tom, dass die gesuchte Karte das Pik-Ass ist.

Bei allen anderen gesuchten Karten legt Jerry mindestens eine Karte mit dem Bild nach oben offen aus. Wenn es sich nicht um das Pik-Ass als gesuchte Karte handelt, dann stammen (mindestens) zwei der vier vom Zuschauer ausgewählten Karten aus derselben Folge, 1 oder 2 oder 3. Jerry überlegt sich nun, welche der vier Karten er dem Zuschauer zurückgibt: Jede Folge besteht aus 17 Karten, die man sich kreisförmig arrangiert vorstellen kann, wie eine 17-Stunden-Uhr, wobei es nach der letzten der jeweils hinzugefügten vier Pik-Karten im Uhrzeigersinn weitergeht mit Ass, 2, 3 usw.

Für je zwei beliebige Karten in dieser Anordnung kann man diejenige die *Zielkarte* nennen, wenn sie die Eigenschaft hat, dass die andere (als *Hinweiskarte* bezeichnete) Karte nicht mehr als 8 Positionen im Gegenuhrzeigersinn weiter vorne liegt. Denn da der Kartenkreis nur aus 17 Karten besteht, ist es nicht möglich, dass die beiden Karten in beiden Richtungen jeweils 9 oder mehr Positionen voneinander entfernt sind.

Ein Beispiel möge dies verdeutlichen. Wenn es sich bei den Karten um Herz-B und Pik-10 handelt, dann ist Pik-10 die Zielkarte, denn Herz-B liegt nur drei Positionen im Gegenuhrzeigersinn bei der Folge 3 weiter vorne.

Jerry gibt immer die Zielkarte eines Kartenpaares aus derselben Folge an den Zuschauer (das ist also die gesuchte Karte) und legt die Hinweiskarte als erste unverdeckt (U) ausgelegte Karte hin.

Links vor der Hinweiskarte können möglicherweise noch eine oder zwei verdeckte (V) Karten liegen. Denn mit der Abfolge verdeckter und unverdeckter Karten in der Reihe der drei Karten wird dem Zauberer nun von Jerry eine der Zahlen von 1 bis 8 kommuniziert, nämlich genau der Abstand m im Uhrzeigersinn zwischen offen ausliegender Hinweiskarte und gesuchter Zielkarte. Und zwar bedeutet die Reihung VVU den Abstand m = 1, VUV bedeutet m = 2, VUU m = 3, UVV m = 4, UVU m = 5, UUV m = 6. Dann verbleibt noch UUU und diese Reihung benötigen wir sowohl für m = 7 als auch für m = 8. Das geht etwa so. Das erste U ist ja die Hinweiskarte, die beiden verbleibenden Karten kann man in der Reihenfolge *Kleinere Karte–Größere Karte* (mit der Bedeutung m = 7) oder in der Reihenfolge *Größere Karte–Kleinere Karte* (mit der Bedeutung m = 8) auslegen, hinsichtlich einer vorab abgesprochenen Rangliste nach Kartenwert für alle 51 Karten (ohne das Pik-Ass). Man kann etwa die obigen Folgen 1, 2, 3 einfach in dieser Reihenfolge aneinanderfügen und eine Karte die kleinere (größere) nennen, wenn sie in dieser Anordnung vor (hinter) der anderen Karte liegt.

Kehren wir zu unserem Beispiel zurück. Tom, der Zauberer, betritt den Raum. Er sieht, dass die erste (sogar die einzige) offene Karte der Kreuz-K ist. Also ist die gesuchte Zielkarte Teil von Folge 1. Insgesamt bilden alle drei ausgelegten Karten das Muster VVU. Dieses Muster steht für m = 1. Also muss Tom in der Folge 1 nach dem Kreuz-K zur nächsten Position übergehen. So gelangt er zur Pik-2 als gesuchten Karte. Voilà!

Applaus, wenn möglich.

3. Apps für alle (I)

Die Formel vom Fröstelgefühl

Kälte ist nicht gleich Kälte. Kommt Wind dazu, ist es ein ganz anderes Spiel. Dann ist die auf der Haut gefühlte Temperatur, der sogenannte Windchill, tiefer als die tatsächliche Temperatur, und das nicht nur in homöopathischen Größenordnungen. Der heute meist gebrauchte Index, um abhängig vom wehenden Wind die gemessene Temperatur in die auf der Haut gefühlte Temperatur umzurechnen, geht auf Bluestein und Osczevski zurück. Die beiden Wissenschaftler hatten in den 1990er Jahren Versuchspersonen in einem Windkanal niedrigen Temperaturen ausgesetzt und die kombinierte Wirkung von Wind und Kälte auf deren Gesichtshaut gemessen. Die Ergebnisse destillierten sie in eine mathematische Formel:

Windchill (in Grad Celsius)
$$= 13{,}12 + 0{,}6215 \cdot T - 11{,}37 \cdot (V \cdot 3{,}6)^{0{,}16} + 0{,}3965 \cdot T \cdot (V \cdot 3{,}6)^{0{,}16}$$

Dabei ist
   T = tatsächliche Temperatur (in Grad Celsius) bei Windstille
   V = Windgeschwindigkeit in km/h

Beispiel. Bei einer Windgeschwindigkeit von 40 km/h fühlen sich +5 Grad Celsius an wie –1 Grad Celsius. Aus plus wird minus. Hier sind einige weitere Werte in Tabellenform:

Windge-schwindigkeit		Temperatur bei Windstille in Grad Celsius					
km/h	m/s	5	0	–5	–10	–15	–20
10	2,8	3	–3	–9	–15	–21	–27
20	5,6	1	–5	–12	–18	–24	–30
30	8,3	0	–6	–13	–20	–26	–33
40	11,1	–1	–7	–14	–21	–27	–34

Tabelle 1: Gefühlte Temperatur in Grad Celsius in Abhängigkeit von der Windgeschwindigkeit und der Temperatur bei Windstille

4. Urban Legends

Der Problem-Terminator

Als ich in den 1980er Jahren in Harvard promovierte, erzählte man sich dort die folgende Geschichte. Ein Student kam einst zu spät zu einer Mathematik-Vorlesung und er sah, dass der Professor zwei Aufgaben an die Tafel geschrieben hatte. Er schrieb sie ab, weil er dachte, es seien Hausaufgaben. Als er versuchte, sie zu Hause zu lösen, fand er sie ausgesprochen kompliziert, weitaus anspruchsvoller als die früheren Hausaufgaben. Doch schließlich gelang es ihm, auch diese Aufgaben zu lösen. In der nächsten Woche übergab er seine Überlegungen dem Professor: «Das sind meine Lösungen zu den Hausaufgaben!» «Welchen Hausaufgaben?» – «Die, die Sie beim letzten Mal an die Tafel geschrieben haben.» – «An die Tafel geschrieben? Das waren keine Hausaufgaben. Das waren zwei berühmte ungelöste Probleme, über die schon viele Mathematiker lange erfolglos nachgedacht haben.»

Die Lösungen des Studenten erwiesen sich als richtig.

Laut Jan Harold Brunvand gibt es ähnliche moderne Mythen an vielen anderen Universitäten. Sie haben wahrscheinlich einen wahren Kern. Offenbar löste 1939 der Mathematiker George Dantzig (1914–2005) als Student unter ähnlichen Umständen zwei Probleme, die sein damaliger Professor Jerzy Neyman an der Universität von Kalifornien in Berkeley an die Tafel geschrieben hatte. Dantzig hatte die Lösungen nicht lange danach bei Neyman im Büro abgegeben. Sechs Wochen später, an einem Sonntagmorgen um 8 Uhr, wurden Dantzig und seine Frau durch heftiges Klingeln an der Tür geweckt. Es war Neyman, der aufgeregt mit ein paar Papieren in der Hand herumfuchtelte. «Ich habe eine Einleitung zu einer Ihrer Lösungen geschrieben. Lesen Sie sie durch, damit wir das Ganze als wissenschaftliche Arbeit zur Publikation einreichen können.»

Dantzig sollte in seinem Leben noch so manches Problem lösen. Später wurde er Professor für Operations Research und Informatik an der Stanford-University. Als er 2005 starb, war er einer der bekanntesten Informatiker seiner Zeit.

5. Die Limerick-Trilogie vom Problemlösen[3]

Mathematik ist Problemlösen. Und Problemlösen ist ein weites Feld. Wollen wir das mit Anekdoten ausloten? Nein, mit Limericks!

> Es gehörte zur Kur in Bad Kösen,
> täglich ein, zwei Probleme zu lösen.
> Als mein Drang dazu sank,
> weil mir dies nicht gelang,
> zog ich's vor, in der Sonne zu dösen.

> Da war mal ein Scheich namens Achmed
> der hatte nur Zeit für sein Rechenbrett.
> Und so kam's, dass statt seiner
> ein gewisser Herr Steiner
> im Harem sehr hoch ward g-8-et.

> Nacht für Nacht saß Herr Kolzik aus Lettland
> dividierend am äußersten Bettrand.
> Ob's schon hell war, ob nicht,
> immerfort brannte Licht,
> was Frau Kolzik nicht gerade sehr nett fand.

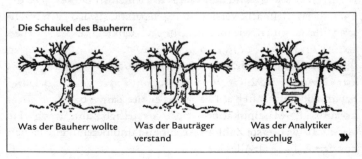

Die Schaukel des Bauherrn

Was der Bauherr wollte   Was der Bauträger verstand   Was der Analytiker vorschlug ⟫

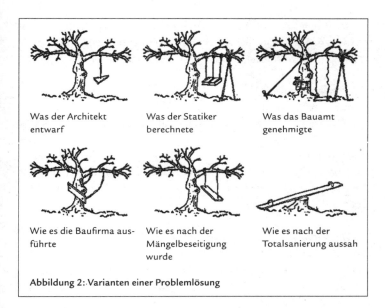

| Was der Architekt entwarf | Was der Statiker berechnete | Was das Bauamt genehmigte |
| Wie es die Baufirma ausführte | Wie es nach der Mängelbeseitigung wurde | Wie es nach der Totalsanierung aussah |

Abbildung 2: Varianten einer Problemlösung

6. Schnellrechnen-Schnellkurs

Für alle Arten von Rechnungen gibt es natürlich Rechenmethoden. Einige können recht aufwendig sein. Doch bisweilen gibt es Abkürzungen, die viel Zeit ersparen. Einige dieser Abkürzungen werden hier erklärt und dann flugs am lebenden Objekt getestet. Es ist die Mathematik-Version von Stenografie: die Kunst, (fast) so schnell zu rechnen, wie man spricht und denkt.

Multiplikation von zwei Zahlen knapp unter 100
Zum Beispiel 97 · 92.
100 minus erste Zahl = a, 100 minus zweite Zahl = b
Ergebnis der Multiplikation ist die vierstellige Zahl, deren erste beiden Ziffern «erste Zahl minus b» sind und deren letzte beiden Ziffern «a · b» sind. Alles klar?

Dann zurück zum Beispiel: $97 \cdot 92$. Erste Zahl = 97, zweite Zahl = 92. Also ist a = 3, b = 8, erste Zahl minus b = 89, a $\cdot$ b = 24. Ergo: $97 \cdot 92 = 8924$

Das Große Einmaleins
Zum Beispiel $17 \cdot 18$.
Das Rezept ist hier genauso einfach. «Erste Zahl plus Einerstelle der zweiten Zahl, daran 0 anhängen, plus Produkt der beiden Einerstellen.»
Im Beispiel führt das zu: $17 + 8 = 25$. Mit einer angefügten 0 ergibt das die Zahl 250 und mit zusätzlichen $7 \cdot 8 = 56$ erhalten wir 306. Ergo: $17 \cdot 18 = 306$

Multiplikation einer zweistelligen Zahl mit 11
Zum Beispiel $27 \cdot 11$.
Man addiere die beiden Ziffern 2 und 7 der mit 11 zu multiplizierenden Zahl, also $2 + 7 = 9$, und schreibe diese 9 zwischen die beiden Ziffern. Das ergibt 297. Fertig. Sollte die Summe der Ziffern mehr als 9 betragen, zum Beispiel bei $69 \cdot 11$, was $6 + 9 = 15$ als Ziffernsumme ergibt, so kommt die Einerstelle 5 wieder zwischen beide Ziffern, aber die Zehnerstelle 1 muss zur ersten Ziffer 6 von 69 hinzu gezählt werden. Das ergibt hier 759.

Quadrieren einer auf 5 endenden zweistelligen Zahl
Zum Beispiel $65 \cdot 65$.
Der vordere Teil des Resultates ergibt sich, wenn man die erste Ziffer der zu quadrierenden Zahl mit der nächsthöheren Zahl multipliziert. Daran muss man dann einfach die Ziffern 25 anhängen.
Im Beispiel ist $65 \cdot 65 = 4225$, weil $6 \cdot 7 = 42$ ist und daran die Ziffern 25 angefügt werden.

Multiplizieren zweistelliger Zahlen, die mit derselben Ziffer beginnen und deren zweite Ziffern sich zu 10 addieren
Zum Beispiel $72 \cdot 78$.

Den vorderen Teil des Ergebnisses bekommen wir wie zuvor, indem die erste Ziffer mit der nächsthöheren Zahl multipliziert wird: $7 \cdot 8 = 56$. Dann wird das Produkt der Ziffern an der zweiten Stelle hinzugefügt: $2 \cdot 8 = 16$. Ergebnis: 5616. Es handelt sich also um eine Verallgemeinerung der vorhergehenden Methode.

Quadrieren zweistelliger Zahlen
Zum Beispiel $37 \cdot 37$.
Statt das Produkt zu bilden, multipliziere man zwei Zahlen, die in der Summe auch 74 ergeben, deren Produkt aber leichter zu bilden ist, etwa $40 \cdot 34 = 1360$. Dazu addiere man einfach $3 \cdot 3 = 9$, da 40 und 34 jeweils 3 von 37 entfernt sind. Das ist das Muster. Machen wir noch ein paar weitere Beispiele.
$58 \cdot 58 = 60 \cdot 56 + 2 \cdot 2 = 3360 + 4 = 3364$
$29 \cdot 29 = 30 \cdot 28 + 1 \cdot 1 = 780 + 1 = 781$

Quadrieren dreistelliger Zahlen
Zum Beispiel $497 \cdot 497$.
Das Muster ist dasselbe wie beim Quadrieren zweistelliger Zahlen. Analog zu zweistelligen Zahlen, die man so quadriert, dass man zum nächsten Vielfachen von 10 auf- oder abrundet, quadriert man dreistellige Zahlen, indem man zum nächsten Vielfachen von Hundert auf- oder abrundet:
$497 \cdot 497 = 500 \cdot 594 + 3 \cdot 3 = 297\,000 + 9 = 297\,009$
$328 \cdot 328 = 300 \cdot 356 + 28 \cdot 28 = 108\,000 + 30 \cdot 26 + 2 \cdot 2 = 108\,000 + 780 + 4 = 108\,784$

Das waren ein paar leicht fassliche Methoden fürs Kopfrechnen. Was alles im Kopf ausrechenbar ist, zeigt zum Beispiel ganz eindrucksvoll Dr. Dr. Gert Mittring aus Bonn, der im Jahr 2002 die 23. Wurzel aus einer 2000-stelligen Zahl antrittsschnell in 40,83 Sekunden ohne jegliche externe Hilfsmittel zog. Das kann niemand auf der Welt so zügig wie er. Etwas vergleichsweise Langstrategischeres wie ein deutsches Abitur hat Dr.[2] Mittring auch gemeistert, aber nur knapp mit der Note 3,7.

25

7. Überleben der Schwächsten[4]

Weitverbreitete Meinung ist, dass sich in Konkurrenzsituationen der Stärkere, Bessere, Tüchtigere durchsetzt oder doch jedenfalls die größerer Wahrscheinlichkeit hat, dies zu tun. Auch in Darwins Evolutionstheorie wird das so formuliert. Es gibt aber Beispiele zuhauf, dass der Tüchtigste gerade nicht obsiegt. Unsere Welt ist voll von Untüchtigem. Die Bibel äußert da eine ähnliche Beobachtung. Bei *Ecclesiastes 9,11* ist zu lesen:

«Wiederum habe ich unter der Sonne beobachtet: Nicht den Schnellen gehört im Wettlauf der Sieg, nicht den Tapferen der Sieg im Kampf, auch nicht den Gebildeten die Nahrung, auch nicht den Klugen der Reichtum, auch nicht den Könnern der Beifall, sondern jeden treffen Zufall und Zeit.»

Der Schriftsteller George Orwell fasste diesen Gedanken so:

«Eine objektive Betrachtung der zeitgenössischen Phänomene zwingt zu der Schlussfolgerung, dass Erfolg oder Misserfolg in umkämpften Aktivitäten keine Tendenz zeigt, der angeborenen Leistungsfähigkeit zu entsprechen, sondern dass ein beachtliches Element des Zufälligen eine Rolle spielt.»

Dass auch Unsinkbare sinken und Starke zum Glück besiegt werden können, davon künden nicht allein der untergegangenste Dampfer der Welt oder das Tausendjährigste Reich aller Zeiten.

Auch in wohldefinierten mathematischen Szenarien gibt es bisweilen Situationen, in denen nicht der Stärkste der Chancenreichste ist, sondern gerade die Stärke der Starken zur Schwäche wird. Manche Rahmenbedingungen begünstigen strukturell nicht nur die Schwächeren, sondern sogar den mit Abstand Schwächsten. Dazu gehören überraschenderweise Duelle.

Betrachten wir einmal ein Duell mit drei Duellanten A, B, C. Eigentlich ist es dann kein Duell, sondern ein Triell. Es soll in mehreren Runden ausgetragen werden und vor jeder Runde wird rein zufällig der nächste Schütze unter den noch verbleibenden Duellanten bestimmt. Dieser zufällig ermittelte Schütze darf sich dann sein Ziel aussuchen. Nehmen wir ferner an, dass A als Stärkster ein unfehlbarer Schütze ist, also mit Wahrscheinlichkeit 1 sein Ziel trifft. C ist der schwächste Schütze und hat als solcher eine Trefferwahrscheinlichkeit von nur 0,5. Außerdem gibt es noch B, der mit seiner Trefferwahrscheinlichkeit von 0,8 zwischen seinen Konkurrenten liegt. Die Duellanten wissen all dies.

Wenn jeder rein zufällig, etwa durch Münzwurf, unter den anderen beiden Duellanten sein Ziel bestimmen würde, dann wären die Überlebenswahrscheinlichkeiten tatsächlich proportional zu den Trefferwahrscheinlichkeiten der drei Schützen. A hätte dann die besten Überlebenschancen und C die schlechtesten. Doch wenn jeder Schütze sein Ziel mit Bedacht wählt, kann die Sache anders aussehen.

Schreiben wir nun abkürzend CCB, wenn A stets auf C schießt, B stets auf C schießt, C stets auf B schießt und entsprechend für andere Kombinationen dieser Buchstaben. Dann ergibt sich die folgende Tabelle mit den Überlebenswahrscheinlichkeiten P_A, P_B, P_C der Protagonisten A, B, C.

Strategie	P_A	P_B	P_C
CCB	0,580	0,348	0,072
CCA	0,434	0,481	0,085
CAB	0,386	0,407	0,207
CAA	0,242	0,541	0,218
BCB	0,628	0,155	0,217
BCA	0,483	0,288	0,229
BAB	0,435	0,214	0,351
BAA	0,290	0,348	0,362

Tabelle 2: Überlebenswahrscheinlichkeiten für die möglichen Strategien der Schützen

Was sagt diese Tabelle, richtig gelesen, über die optimalen Verhaltensweisen der Konkurrenten?

Beginnen wir einmal mit der Strategie CCB. Intuitiv ist das für keinen der Teilnehmer eine gute Strategie, wählt jeder doch seinen schwächsten Gegner als Ziel aus. Diese *Schwächster-Gegner-Strategie* führt dazu, dass der Stärkste mit der größten Wahrscheinlichkeit überlebt und der Schwächste weit abgeschlagen mit der geringsten Wahrscheinlichkeit.

Nehmen wir nun an, dass Schütze C mit obiger Tabelle die Sachlage quantitativ analysiert. Er sieht dann, dass er seine Gewinnchancen verbessern kann, indem er nicht auf B, sondern auf A schießt. Das ist nun die Strategie CCA, die Cs Überlebenswahrscheinlichkeit auf 8,5 % ansteigen lässt und A die Spitzenposition bei den Überlebenswahrscheinlichkeiten kostet. Bei dieser Vorgehensweise der Duellanten ist es also vorteilhafter, B zu sein. Zumal B nun noch erkennt, dass er seine Überlebenswahrscheinlichkeit sogar noch weiter vergrößern kann, indem er nicht auf C, sondern auf A zielt.

Dann sind wir bei der Strategie CAA, bei welcher B mit großer Wahrscheinlichkeit überlebt und sich die Überlebenswahrscheinlichkeiten von A und C auf niedrigem Niveau annähern. Damit ist A als bester Schütze natürlich unzufrieden, doch die Idee von C hat ihn klug gemacht und auch A registriert, dass er seinerseits seine Möglichkeiten noch nicht ausgeschöpft hat und seine Überlebenswahrscheinlichkeit dadurch wieder verbessern kann, indem er nicht auf C feuert, sondern auf B.

Das ist die Strategie BAA, bei der A mit Wahrscheinlichkeit 29 % überlebt, B mit Wahrscheinlichkeit 35 % und C mit Wahrscheinlichkeit 36 %.

Wir haben, genau besehen, einen sehr bemerkenswerten Zustand erreicht. Die im Laufe der Überlegungen und Selbstoptimierungen der Beteiligten entstandene Strategie bildet das sogenannte Nash-Gleichgewicht für das Triell: Keiner der Kontrahenten hat die Möglichkeit, durch alleiniges Abweichen von dieser Gleichgewichtsstrategie seine Chancen zu verbessern. Außerdem wird man feststellen, dass rationale Spieler, die versuchen, ihre Überlebenschancen zu maximieren, von jeder gewählten Anfangsstrategie letztendlich bei dieser *Stärkster-Gegner-Strategie* BAA landen.

Unsere Analyse hat an der Konkurrenzsituation erstaunliche Wesenszüge hervorgebracht. Erstaunlich in einem fast schon absoluten Sinn ist es, dass im Nash-Gleichgewicht der Stärkste die schlechtesten Überlebenswahrscheinlichkeiten hat und der Schwächste die besten. Ein archetypisches Mega-Paradoxon hat sich aufgetan, das so manches im realen Leben erklärt!

Nun wird das Format des Duells insofern leicht modifiziert, als zunächst die Reihenfolge 1, 2, 3 der Schützen ausgelost wird und dann A, B, C in der Reihenfoge 1, 2, 3, 1, 2, 3, ... schießen, wobei Getroffene übersprungen werden und jeder sein Ziel frei wählen darf. Für dieses Setting hatten wir uns bereits an anderer Stelle[5] überzeugt, dass Schütze C durch eine überraschende Strategie seine Überlebenschance sogar auf 52 % erhöhen kann, wobei die von A auf 30 % und die von B sogar auf 18 % fällt. Das optimale Verhalten von C ergibt sich aus der einfachen Überlegung, dass er möglichst am Schuss sein sollte, bevor auf ihn geschossen wird, und er dies tatsächlich erreichen kann. C erreicht es dadurch, dass er, solange A und B noch aktiv sind, stets in die Luft schießt, um keinen der beiden zu treffen. Denn träfe er einen der beiden, würde das Duell fortgesetzt mit einem Schuss des Überlebenden auf C. Schießt C aber in die Luft, dann werden sich A und B wechselseitig beschießen und anschließend kommt es zu einem Duell zwischen C und dem Überlebenden der beiden stärkeren Schützen, wobei aber in diesem Fall C am Schuss ist. Das macht den Unterschied.

Welche Schlüsse ziehen wir aus alldem?

Nehmen wir einmal die hypothetische Version einer TV-Spielshow unter die Lupe, bei der eine Reihe von Spielern als Team Fragen beantworten müssen, um eine Gewinnsumme beständig höherzutreiben und diese letztlich zu gewinnen.

Nehmen wir zusätzlich an, dass nach jeder Runde von den Teammitgliedern ein Teammitglied in irgendeiner Weise herausgewählt werden muss. Der Modus Operandi, der sich typischerweise einstellt, ist der folgende: In den ersten Runden werden starke Teammitglieder, die viel wissen, nicht herausgewählt, da sie mit ihren Kenntnissen helfen, das Preisgeld hochzuschrauben. Doch mit fortschreitenden Runden, wenn es immer weniger verbleibende Teammitglieder gibt und sich das Szenario mehr und mehr einem Triell annähert, votieren die stärksten Spieler sich gegenseitig heraus, und es sind typischerweise die dann noch verbliebenen schwächeren Spieler, die dabei den Ausschlag geben. Und so ist es nicht überraschend, dass gegen Ende, wenn die Auseinandersetzung einem Triell analog ist, der verbliebene schwächere Spieler wohl nicht herausgewählt wird.

Schneller Vorlauf jetzt zu der Moral von der Geschichte in der Echtwelt: Wenn Sie der Schwächste sind bei einem K.-o.-Wettbewerb, bei dem nur einer gewinnt, verbünden Sie sich mit anderen gegen die Stärkeren, bis Sie am Ende in einer Triell-Situation angekommen sind. Dann haben Sie Ihre Gewinnchancen optimiert.

Ist der Modus der Elimination wie bei einem Mehr-Personen-Duell, bei dem jeder reihum sein Ziel frei wählen kann, dann unternehmen Sie nichts, bis die Triell-Situation entstanden ist. Ihre stärkere Opposition wird sich höchstwahrscheinlich gegenseitig bekämpfen und so Ihre Siegchancen erhöhen, wenn Sie schließlich am Ende aktiv werden. Noch besser ist es sogar, wenn Sie vermeintlich stark sind, aber Ihre Gegnerschaft denkt, Sie seien es nicht.

Kurzum: Es ist bei Weitem nicht so, dass sich das Beste immer irgendwie herausmendelt.

Setzt der Schwache seine Schwäche gekonnt ein, wird er der Starke werden. Und wie gesehen, lässt dies den Extremfall zu, dass der Allerschwächste zum Allerstärksten wird. Ich nenne dies das Prinzip des Umschlagens von Schwäche in Stärke. Es funktioniert durch systemisch bedingte virtuelle Kraftübertragung von den bekanntermaßen Starken auf die bekanntermaßen Schwachen. Darwins Theorie des Überlebens der Tüchtigen ist unvollständig. Sie muss um dieses Prinzip ergänzt werden.

8. Paradoxes beim Würfelwerfen

Wir legen noch nach und geben ein anderes Beispiel ähnlich kontraintuitiver Bauart wie im vorausgehenden Szenario der skurillen Duelle. Es ist als Blyth-Paradoxon in die mathematische Literatur eingegangen.

Angenommen, Sie haben drei Würfel A, B, C.

Würfel A ist ein ganz normaler Würfel, außer dass alle Seiten mit der Augenzahl 3 versehen sind.

Würfel B trägt die Augenzahl 6 auf einer Seite, eine 4 auf einer anderen Seite und eine 2 auf den übrigen vier Seiten. Außerdem ist er gewichtsmäßig so geladen, dass die 6 mit Wahrscheinlichkeit 22 % erscheint, ebenso die 4 und die 2 mit der verbleibenden Wahrscheinlichkeit von 56 %.

Würfel C hat eine 1 auf drei Seiten und eine 5 auf drei Seiten. Außerdem ist dieser Würfel so geringfügig unsymmetrisch, dass die 1 mit Wahrscheinlichkeit 51 % erscheint und die 3 mit Wahrscheinlichkeit 49 %.

Nun geht es los: Sie dürfen einen Würfel auswählen. Ein Gegenspieler wählt anschließend einen anderen. Sieger ist, wer die größere Zahl würfelt.

Preisfrage: Welchen Würfel sollten Sie wählen?

Nun:

A besiegt B mit Wahrscheinlichkeit 56 %.

A besiegt C mit Wahrscheinlichkeit 56 %.

B besiegt C mit Wahrscheinlichkeit $0{,}56 \cdot 0{,}51 + 0{,}22 \cdot 0{,}51 + 0{,}22 \cdot 1 = 0{,}6178 = 61{,}78$ %.

Das Ergebnis liegt auf der Hand: Würfel A ist die beste Wahl, da die Wahrscheinlichkeit, mit A zu gewinnen, in jedem Duell größer als 1/2 ist. C ist die schlechteste Wahl, da er gegen A und B jeweils mit Wahrscheinlichkeit größer als 1/2 verliert.

Nun modifizieren wir den Wettstreit: Wir nehmen an, dass Sie mit Ihrem Würfel gegen zwei Gegenspieler gleichzeitig antreten. Sie haben wieder die erste Würfelwahl. Welchen Würfel sollen Sie wählen?

Die Frage scheint überraschend, konnten wir uns doch soeben bereits überzeugen, dass Würfel A die beste Wahl ist. Doch jetzt haben wir einen Dreikampf. Und Mehr-Personen-Kampfhandlungen haben uns bereits in der vorausgehenden Nummer verblüfft. Also prüfen wir vorsichtshalber erneut die Wettkampftauglichkeit der drei Würfel:

A gewinnt jetzt genau dann, wenn B eine 2 zeigt und C eine 1 zeigt. Die Wahrscheinlichkeit dafür beträgt $0{,}56 \cdot 0{,}51 = 0{,}29$.

B gewinnt, wenn er eine 6 vorweisen kann. Das geschieht mit Wahrscheinlichkeit 0,22. Außerdem kann B auch noch mit einer 4 gewinnen, aber nur sofern C dann eine 1 zeigt. Also gewinnt B mit Wahrscheinlichkeit $0{,}22 + (0{,}22 \cdot 0{,}51) = 0{,}33$. Das ist schon eine Überraschung, denn damit sind dessen Chancen günstiger als die von A. Und noch überraschender ist: C gewinnt mit der Restwahrscheinlichkeit von $1 - 0{,}29 - 0{,}33 = 0{,}38$.

Also ist im Dreikampf Würfel C die beste und Würfel A ist die schlechteste Wahl. Die Kräfteverhältnisse haben sich völlig umgekehrt. Das ist das Blyth-Paradoxon.

Zur Philosophie der rollenden Würfel

Anhand der Würfelspiele *Mensch ärgere dich nicht*, *Monopoly* etc. soll der Versuch unternommen werden, Interessen der Studenten für die fundamentalen Probleme der Philosophie der Gegenwart zu wecken. Prüfungen jedoch nur nach vorheriger konkreter Absprache. Weiterbildung ist möglich.

Aus: *Vorlesungsverzeichnis Wintersemester 1984/85* des Fachbereichs Sozialpädagogik der Fachhochschule Hildesheim, Seite 29.

Nachsatz von mir: Das harmlos daherkommende Würfelspiel von Blyth bietet sich doch geradezu an für zeitgeistdurchflutete philosophische Explorationen.

Um dieses Paradoxon eklatant zu machen: Man stelle sich einen Arzt vor, der gegen eine Krankheit Medikament A gegenüber Medikament C den Vorzug gibt, weil es höhere Heilungschancen hat. Doch dann kommt plötzlich Medikament B auf den Markt, und der Arzt entdeckt verblüfft, dass Medikament C plötzlich höhere Heilungschancen als A hat und zum besten der drei Medikamente avanciert. Abstrus? Ja! Aber in der Welt des Würfelwerfens haben wir es soeben in fugenloser Analogie erlebt. Wir sind umzingelt von Paradoxie.

9. Außergewöhnliche Bücher

Jedes Buch ist auf seine Weise außergewöhnlich. Doch einige sind außergewöhnlicher. Auf meiner eigenen Shortlist rangiert ganz weit oben das ultimative, inhaltlich jede herkömmliche Kategorie sprengende Werk für arithmetische Extremexzentriker:

Claude Closky (1989): *The First Thousand Numbers Classified in Alphabetical Order* [Die ersten 1000 Zahlen alphabetisch sortiert]

Materialien für eine Hermeneutik dieses epochalen Kreativprodukts. Eine wahre Grenzerfahrung erwartet den unerschrockenen Leser. Closkys Kompilation ist nahezu kristallin in ihrer Reinheit und sparsam mit romantischem Touch. Die Lektüre wirkt besonders deliziös bei psychedelisch angehauchter Lounge-Musik, wie der von Ravi Shankar auf der Sitar. Closkys Zahlenfluss in Wortform kann auf schier adamriesige Erfahrungswerte zurückgreifen. Er mutet zugleich uralt und ultramodern an, ist reich an filigraner Komplexität und an minimalistischer Simplifikation, wirkt vitalisierend und paralysierend: wie ein Fabrikat von John Cage. Doch ist es weitaus wahrheitskernhaltiger. Claude Closky kommt dem Zen-Ideal zermürbend nahe.

PS: Hat man etwas Zeit übrig, kann man Closkys Werk weiterdenken und lustvoll lavierend die Wortflocken wieder zurückübersetzen in Zahlzeichen: 8, 800, 808, 818, 880, 888, 885, 884, 889, 881, 887, ... und ein nettes Rätsel daraus machen für komplizierte Intelligenztests: «Wie lautet die nächste Zahl in dieser Folge?»

P^2S: Das vollbracht, könnte man anschließend die Übersetzung ins Aramäische vornehmen, der Sprache der Urbibel, um zu sehen, ob man dabei irgendwelche Entdeckungen macht.

P³S: Und nicht zuletzt: Tausend Dank, Claude Closky, man weiß nie, wann, wofür und wie man Werke Ihrer Ambitionsstufe einmal ernsthaft brauchen können wird.

Hier nun Anfang und Ende dieser einzigartigen Kompilation. Als Kleingedrucktes.

Eight, eight hundred, eight hundred and eight, eight hundred and eighteen, eight hundred and eighty, eight hundred and eighty-eight, eight hundred and eighty-five, eight hundred and eighty-four, eight hundred and eighty-nine, eight hundred and eighty-one, eight hundred and eighty-seven, eight hundred and eighty-six, eight hundred and eighty-three, eight hundred and eighty-two, eight hundred and eleven, eight hundred and fifteen, eight hundred and fifty, eight hundred and fifty-eight, eight hundred and fifty-five, eight hundred and fifty-four, eight hundred and fifty-nine, eight hundred and fifty-one, eight hundred and fifty-seven, eight hundred and fifty-six, eight hundred and fifty-three, eight hundred and fifty-two, eight hundred and five, eight hundred and forty, eight hundred and forty-eight, eight hundred and forty-five, eight hundred and forty-four, eight hundred and forty-nine, eight hundred and forty-one, eight hundred and forty-seven, eight hundred and forty-six, eight hundred and forty-three, eight hundred and forty-two, eight hundred and four, eight hundred and fourteen, eight hundred and nine, eight hundred and nineteen, eight hundred and ninety, eight hundred and ninety-eight, eight hundred and ninety-five, eight hundred and ninety-four, eight hundred and ninety-nine, eight hundred and ninety-one, eight hundred and ninety-seven, eight hundred and ninety-six, eight hundred and ninety-three, eight hundred and ninety-two, eight hundred and one, eight hundred and seven, eight hundred and seventeen, eight hundred and seventy, eight hundred and seventy-eight, eight hundred and seventy-five, eight hundred and seventy-four, eight hundred and seventy-nine, eight hundred and seventy-one, eight hundred and seventy-seven, eight hundred and seventy-six, eight hundred and seventy-three, eight hundred and seventy-two, eight hundred and six, eight hundred and sixteen, eight hundred and sixty, eight hundred and sixty-eight, eight hundred and sixty-five, eight hundred and sixty-four, eight hundred and sixty-nine, eight hundred and sixty-one, eight hundred and sixty-seven, eight hundred and sixty-six, eight hundred and sixty-three, eight hundred and sixty-two, eight hundred and ten, eight hundred and thirteen, eight hundred and thirty, eight hundred and thirty-eight, eight hundred and thirty-five, eight hundred and thirty-four, eight hundred and thirty-nine, eight hundred and thirty-one, eight hundred and thirty-seven, eight hundred and thirty-six, eight hundred and thirty-three, eight hundred and thirty-two, eight hundred and three, eight hundred and twelve, eight hundred and twenty, eight hundred and twenty-eight, eight hundred and twenty-five, eight hundred and twenty-four, eight hundred and twenty-nine, eight hundred and twenty-one, eight hundred and twenty-seven, eight hundred and twenty-six, eight hundred and twenty-three, eight hundred and twenty-two, eight hundred and two, eighteen, eighty, eighty-eight, eighty-five, eighty-four, eighty-nine, eighty-one, eighty-seven, eighty-six, eighty-three, eighty-two, eleven, fifteen, fifty, ..., two hundred and twenty-two, two hundred and two, zero.

Auch eine deutsche Übersetzung ist meines Wissens noch nicht in der Welt. Interesse? Machen Sie sich unsterblich! Etwas habe ich schon in Erfahrung gebracht: Die deutsche Liste beginnt mit *acht* und endet mit *zwölf*.

10. Mathematikunterricht: vorgestern bis übermorgen

Hauptschule 1950
Ein Bauer verkauft einen Sack Kartoffeln für 20 DM. Die Erzeugerkosten betragen 4/5 des Erlöses. Wie hoch ist der Gewinn?

Realschule 1965
Ein Bauer verkauft einen Sack Kartoffeln für 20 DM. Die Erzeugerkosten betragen 16 DM. Wie hoch ist der Gewinn? (Rechenschieber nicht erlaubt!)

Realschule 1970
Korrektur der Formulierung (Neuauflage von 1965)
Ein/e Ba(ä)uer/in verkauft einem/er Kunden/in einen Sack Kartoffeln für DM 20,-. Die Erzeuger/innen-Kosten betragen DM 16,-. Wie hoch ist der Gewinn des/r Ba(ä)uer(n)/in? Keinen Taschenrechner verwenden.

Gymnasium 1975
Ein Bauer verkauft eine Menge Kartoffeln (K) für eine Menge Geld (G). In Strichmengenform müßtest du für die Menge G zwanzig Strichlein (////////////////////) machen, für jede Mark eines. Die Menge der Erzeugniskosten (E) ist um vier Strichlein (////) weniger mächtig als die Menge G. Zeichne das Bild der

Menge E als Teilmenge der Menge G und gib die Mächtigkeit der Gewinnmenge an.

Gymnasium 1980
Ein Agrarökonom verkauft eine Menge Kartoffeln für eine Menge Geld (= G). G hat die Mächtigkeit 20. Die Menge der Herstellungskosten (= H) ist um vier Elemente weniger mächtig als die Menge G. Zeichnen Sie ein Bild der Menge H als Teilmenge von G und geben Sie als Lösungsmenge (= L) die Differenzmenge von G und H an.

Freie Waldorfschule 1990
Male einen Sack Kartoffeln und setze dein Bild tänzerisch um.

Integrierte Gesamtschule 1999
Ein Bauer verkauft einen Sack Kartoffeln für 20,–. Die Erzeugerkosten betragen 16,–. Der Gewinn beträgt 4,–. Unterstreiche das Wort Kartoffeln und diskutiere mit deinen Mitschülern aus anderen Kulturkreisen gewaltlos darüber.

Projekt- und fachübergreifender Unterricht 2001
Kauft Euch beim Landhandel 6 Kartoffelsäcke und bringt sie zum Sportunterricht fürs Sackhüpfen mit. Löcher werden im Textilunterricht gestopft. Diskutiert das Thema Kartoffelproduktion im Gemeinschaftskunde-Unterricht und solidarisiert Euch mit den Biobauern. Präsentiert das Ergebnis Eures Projekts bei einem Buffet mit Kartoffelsalat.

Schule 2019 (nach Bildungs- und erweiterter Rechtschreibreform)
Ein agrargenetiker ferkauft einen Sak kartofeln für 20 Euro. Die kosden betragen 16 Euro. Der Gewinn betraegt 4 Euro. Aufgabe: markire das wort kartofeln und maile die loesung im pdf-format an classenlehrer@schule.europa

Didaktik-Modul 2030
sorry, es gibt keine kartofeln mehr. nur noch pom frits bei mcdonelds. es lebe der fortschrit.

11. Standesgemäße Todesarten

Der Mathematiker geht gegen Unendlich.
Der Informatiker erlebt den Totalabsturz.
Der Vegetarier beißt ins Gras.
Der Chorleiter hört die Englein singen.
Der Gynäkologe scheidet dahin.
Der Priester segnet das Zeitliche.
Für den Arbeiter ist endgültig Feierabend.
Der Motorradfahrer kratzt die Kurve.
Der Fechter springt über die Klinge.
Der Scheich bekommt seine Letzte Ölung.
Der Vertreter tritt ab.
Der Jäger geht in die ewigen Jagdgründe ein.
Der Draufgänger geht drauf.
Der Färber ist verblichen.
Der Händler bezahlt mit seinem Leben.
Der Bäcker semmelt ab.
Der Bergmann fährt zum letzten Mal ein.
Der Autotuner wird tiefer gelegt.
Der Wanderer ist von uns gegangen.
Der Golfspieler wird eingelocht.
Der Hundehalter geht vor die Hunde.
Der Marktschreier schweigt für immer.
Der Matrose streicht die Segel.
Der Reifenhändler ist unter die Räder gekommen.
Der Wuppertaler geht über die Wupper.
Der Fahrer fährt gen Himmel.
Der Rechenmeister muss mit dem Schlimmsten rechnen.
Dem Computerfachman wird der Stecker gezogen.
Der Programmierer >> dev NULL

12. Wunderschönheiten im Wettbewerb

Die Zeitschrift *Physics World* befragte im Jahr 2004 ihre Leser, welche mathematische oder physikalische Gleichung sie persönlich für die spektakulärste halten. Insgesamt wurden von zahlreichen Einsendern 50 verschiedene Gleichungen benannt. Einige waren wegen ihrer Schönheit ausgewählt worden, andere wegen ihrer Einfachheit, wieder andere wegen ihrer Anwendungsbreite oder ihrer historischen Bedeutsamkeit.

Spitzenreiter der Umfrage waren die Gleichungen der allgemeinen Relativitätstheorie, die mit nur einer Handvoll von Symbolen fast alle Phänomene im Universum beschreiben. Gut platziert waren auch die Maxwellschen Gleichungen, eine Kollektion von vier Beziehungen, die uns über das Zusammenspiel von elektrischen und magnetischen Feldern aufklären, sowie die Eulersche Formel. Diese Formel ist 1748 mit Eulers zweibändiger *Introductio in analysin infinitorum* in die mathematische Umlaufbahn geraten. Sie beschreibt nicht allein eine rein rechnerische Richtigkeit, sondern kann vielfältige Anwendungen vorweisen, zum Beispiel in der Physik. Sie lautet:

$$e^{i \cdot \pi} + 1 = 0$$

Das ist in der Tat ein spektakulärer Achttausender unter den Parade-Formeln, ein Buchstaben-, Zahlen- und Zeichen-Gemisch zwischen den fünf wichtigsten Größen in der Mathematik, nämlich 0, 1, π, e, i, vermittelt durch die Verknüpfungen der Addition und Multiplikation, zueinander in Beziehung gesetzt mit dem kulturtragendsten Symbol der gesamten Mathematik: dem Gleichheitszeichen. Eine irrationale Zahl hoch eine rein imaginäre Zahl und eins dazugegeben macht null: Eine imaginäre Zahl, die mit einer einfachen reellen Zahl interagiert und zusammengenommen nichts mehr ergibt. Lange könnte man darüber sinnieren. Etwas Seiendes verknüpft sich mit etwas anderem Seienden zum Nichts.

Küchenphilosophische Zugabe. Lassen wir einfach die Philosophen an dieser Stelle über die so-seiende Formel weiter denken.

Mehr als nur einer von Martin Heideggers Sätzen würde darauf passen:

«Sein ist exklusiv Sein. Es west nicht als das Nichts des Seienden, sondern als das, was sich selbst nicht im Seienden gibt. Sein gibt Es nicht als Seiendes (...). Das Nichts selbst nichtet, als Nichten west, wächst, gewährt das Nichts.»[6]

«Das Nichts ist das Nicht des Seienden und so das vom Seienden her erfahrene Sein. (...) Jenes nichtende Nicht des Nichts und dieses nichtende Nicht der Differenz sind zwar nicht einerlei, aber das Selbe im Sinne dessen, was im Wesenden des Seins des Seienden zusammengehöret. Dieses Selbe ist das Denkwürdige.»

So weit nur zwei Gedanken vom regalmeterweise sekundärliteraturauslösenden Philosophen aus Meßkirch. Sie lassen einen ratlos zurück. Doch ganz so, wie Wagners Musik auch besser ist, als sie klingt, mag Heideggers Denken besser sein, als man denkt.

Abbildung 3: Das Nichts nichten. Heidegger auf die Straßenverkehrsordnung umgelegt.

13. Bedeutende Mathematikerinnen (I)

Die Mathematiker und die Mathematikerin. Im Jahr 1964 fand die Weltausstellung in New York statt. Auf einer Schautafel, die sich mit der historischen Entwicklung der Mathematik befasste, waren die 80 vermeintlich bedeutendsten Mathematiker der Weltgeschichte gelistet. Die gesamte Liste enthielt neben 79 männlichen Kollegen den Namen von nur einer einzigen Frau inmitten der Mathe-Matadore: den der mathematischen Großheroine Emmy Noether. Wer von den Top-Mathematikerinnen spräche, ohne den Namen Emmy Noether zu nennen, hätte das Thema von vornherein verfehlt. Doch sie als einzige Frau in den Top 80?

Auch in der 1980er Ausgabe des Mathematiker-Lexikons von Herbert Meschkowski ist es keinen deutlichen Deut besser: Unter rund 500 Einträgen finden sich nur insgesamt fünf Frauen: Hypatia, Nina Karlovna Bari, Sonja Kowalewskaja, Emmy Noether, Grace Emily Chisholm Young.

Mir scheint das mit Verlaub in beiden Fällen reichlich wenig Wertschätzung. Denn Mathematik, das sind nicht nur riemanneulercauchygaußsche Theoreme der bekannten Hall-of-Famer. Deshalb renken wir im Folgenden das schiefe Bild wieder ein und alles ist wieder cool und senkrecht:

Um auch die Beiträge faszinierender Frauen zur mathematischen Disziplin gebührend zu würdigen, folgt nun die erste Lieferung meiner Weltauswahl weiblicher Mathematiker. Der Cast besteht aus Frauen, die allesamt an der Mathematik der letzten 300 Jahre mitgedacht haben. Mit einer Ausnahme gleich zu Beginn:

a. Hypatia (um 370–415)
Tochter des griechischen Mathematikers Theon von Alexandria. Lebte in einer berühmten, staatlich finanzierten Forschungsstätte, dem Museion. Einige der von ihr verfassten Schriften behandeln die Kegelschnitte des Apollonius von Perge und die Arithmetik des Diophant von Alexandria. Genoss schon zu Leb-

zeiten einen legendären Ruf, der an Verehrung grenzte. Wurde von christlichen Fanatikern ermordet. Nach ihr sind ein Asteroid und eine Schmetterlingsgattung benannt.

Knapp eineinhalb Jahrtausende sollte sie die einzige berühmte Mathematikerin bleiben.

b. Gabrielle Émilie le Tonnier de Bretuil (1706–1749)
Wurde später die Marquise du Châtelet-Laumont. Lebte lange mit Voltaire zusammen. Übersetzte Newtons *Principia Mathematica Philosophiae* aus dem Lateinischen ins Französische. Dabei übertrug sie Newtons Gedankenführung in die von Leibniz entwickelte Infinitesimalrechnung. Verfasste mehrere Schriften zur Erläuterung und Verbesserung von Newtons Ideen. Unter anderem vertrat sie die zutreffende Meinung, dass die kinetische Energie eines Objekts proportional zum Quadrat seiner Geschwindigkeit sei, im Gegensatz zu Newton, der an Proportionalität zur Geschwindigkeit glaubte. Wurde 1746 in die Akademie der Wissenschaften zu Bologna gewählt. Kant über sie: «Der Vorzug des Verstandes und der Wissenschaft [setzt] sie über alle übrigen ihres Geschlechtes und auch über einen großen Theil des anderen hinweg.»

c. Grace Emily Chisholm Young (1868–1944)
Schülerin von Felix Klein. Ihre Dissertation trägt den Titel «Gruppentheoretisch-algebraische Untersuchungen über sphärische Trigonometrie». Verfasste einige Beiträge zur Theorie der reellen Funktionen. Hatte sechs Kinder mit ihrem Ehemann, dem Mathematiker William Henry Young. Schrieb mit diesem das Buch *The theory of sets of points*. Hat sich verewigt im Denjoy-Saks-Young-Theorem.

(Siehe auch 57., 88., 97.)

14. Wo sind die Hetären hin, wo sind sie geblieben?

Zur Blütezeit der alten Griechen gab es viele gebildete Frauen
außerhalb des Ehestandes, die intensiv am regen Geistesleben
teilnahmen und sich durch die Offerierung von Liebesdiensten
finanziell unabhängig hielten. Sie wurden als Hetären bezeichnet.
Die Hetären der Pythagoräer hatten eine Leidenschaft für die
Liebe, die Philosophie und die Mathematik und teilten ihre Zeit
zwischen diesen körperlichen und geistigen Lustbarkeiten. Eine
Korona von Hetären als Musen im eigenen Orbit zu besitzen war
damals für einen Denker ein beliebter und in Idealsynthese vielleicht der angenehmste Weg, seinem Denksystem Ansehen, Glanz
und Verbreitung zu verschaffen.

Eine besonders berühmte Hetäre der damaligen Zeit war Nikarete. Es ist überliefert, sie sei so leidenschaftlich angetan von der
Mathematik gewesen, dass sie niemandem ihre Liebesdienste ver-
weigerte, der ihr eine komplizierte mathematische Gleichung
löste. Und in der Tat war es leichter, durch Fertigkeiten in der
Mathematik als mit Goldstücken ihr Wohlwollen und ihre Gunst
zu gewinnen.

15. Der erste mathematische Indizienbeweis vor Gericht

Früher Problemzone, jetzt Handlungserfordernisbereich. Am 26. 11.
2008 sprach das Landesarbeitsgericht Berlin-Brandenburg in einem
Diskriminierungsfall das Urteil. Es war ein Novum in der deutschen Rechtsgeschichte: der erste mathematische Indizienbeweis
vor Gericht. Zum ersten Mal wurde ein Arbeitgeber aufgrund einer
Wahrscheinlichkeitsrechnung verurteilt. Es handelte sich um die
Firma GEMA, die 2006 den Posten eines Generaldirektors ohne
Ausschreibungsverfahren an einen Mann vergeben hatte, obwohl
die Klägerin Silke K., nach ihrer eigenen Einschätzung, gleich qua-
lifiziert war. In der GEMA waren damals 85 % der Beschäftigten
weiblich, aber alle 16 Direktorenposten waren mit Männern besetzt.

Ein Mathematiker als Gutachter im Prozess ermittelte die Wahrscheinlichkeit, dass bei einem so hohen Frauenanteil in der Belegschaft dennoch bei rein zufälliger Auswahl hinsichtlich des Geschlechts alle 16 Direktoren Männer sein würden, als geringer als 1 Prozent. Das Gericht kam deshalb zu dem Schluss, dass die Klägerin offenbar aufgrund einer Diskriminierung nicht befördert worden sei, so Richter Joachim Klueß in seinem Urteil. Nicht mehr die Klägerin müsse nach Ansicht des Gerichts nunmehr die Benachteiligung beweisen, sondern umgekehrt die GEMA die Gleichbehandlung von Frauen und Männern bei Beförderungen.

Diese Art von mathematisch-statistischer Argumentation, die in den USA gang und gäbe ist, wurde in Deutschland erstmals vor Gericht in dieser Form angewandt.[7]

Ene, mene, muh, und Chef wirst du!

Die italienischen Wissenschaftler Alessandro Pulchini, Andrea Rapisarda und Ceasare Garofalo von der Universität Catania haben in einer Studie gezeigt, dass Firmen erheblich effektiver arbeiten und das Betriebsklima deutlich besser ist, wenn die Mitarbeiter rein nach dem Zufallsprinzip und nicht nach Leistung befördert werden.

---

16. Zauberhaft (II)

Gedächtnisakrobatik

Durchführung. Dies ist ein Kartentrick, der mit einem 32-Karten-Blatt ausgeführt wird. Der Zauberkünstler bittet einen Zuschauer, verdeckt eine beliebige Karte zu ziehen. Der Zauberer schaut sich danach die verbleibenden Karten eine nach der anderen an und verkündet zum Erstaunen der Zuschauer, die sein phänomenales Gedächtnis bewundern, welche Karte gezogen wurde.

Funktionsweise. Obwohl er spektakulär ist, beruht der Trick auf einfachen Tatsachen. Zum einen darauf, dass die Summe der Kartenwerte aller Karten des Blattes gleich 216 ist, wenn man ein Ass als 11, einen Buben als 2, eine Dame als 3, einen König als 4 und die anderen Karten entsprechend ihrer Zahlenwerte zählt. Während der Zauberer sich die Karten eine nach der anderen ansieht, addiert er die Kartenwerte im Kopf und betreibt dabei ein wenig Modularithmetik.

Was das ist?

Denken Sie an die Uhr! Mathematisch ausgedrückt, wird mit der Uhrzeit modulo 24 gerechnet, denn 18 Uhr + 9 Stunden ist nicht 27 Uhr, sondern 3 Uhr. Geht die Rechnung über 24 Uhr hinaus, muss man 24 Stunden abziehen.

Entsprechend betreibt der Zauberer beim Kartentrick eine Modulo-12-Arithmetik: Eine Herz-9 und ein Pik-Ass ergeben also die Zahl 8 (wegen 9 + 11 − 12 = 8). Da die Summe aller Kartenwerte 216 ergibt und dies durch 12 teilbar ist, würde eine derartige Addition aller Karten den Wert 0 ergeben. Doch da der Zauberer nur die Kartenwerte von 31 Karten ohne die gezogene Karte addiert, wird dies nicht der Fall sein. Ergibt sich als Ergebnis der Addition der 31 Karten der Wert x, so ist der Kartenwert der vom Zuschauer gezogenen Karte 12 − x. Einverstanden?

Auf diese Weise vermag der Zauberer also den Wert der gezogenen Karte zu ermitteln.

Um auch die Farbe zu bestimmen, kann er zum Beispiel eine Art von Modulo-2-Arithmetik durchführen, und zwar am einfachsten mit den Füßen unter dem Tisch. Zu Beginn hat der Zauberer beide Füße flach auf dem Boden. Bei einer Kreuzkarte wird dann die Fersenstellung des linken Fußes verändert, das heißt, unmerklich wird die Ferse leicht angehoben, wenn sie sich auf dem Boden befindet, und auf den Boden abgesenkt, wenn sie gerade angehoben ist. Bei einer Pik-Karte wird entsprechend nur die rechte Fersenstellung, bei einer Herz-Karte werden beide Fersenstellungen verändert und bei einer Karo-Karte wird nichts verändert. Würden nun auf diese Weise alle 32 Karten eines Decks abgearbeitet, so stünden am Ende beide Fersen wieder auf dem Boden.

44

Doch da der Zauberer diesen Tatzentanz für nur 31 Karten ausführt, kann er aus der resultierenden Fersenstellung auf die Farbe der gezogenen Karte zurück schließen: Es handelt sich um Herz, wenn beide Fersen angehoben sind, um Kreuz, wenn nur die linke Ferse angehoben ist, um Pik, wenn nur die rechte Ferse angehoben ist und um Karo, wenn beide Fersen auf dem Boden stehen.

17. Apps für Ältere oder Älter werden für Anfänger

Wenn das Gedächtnis im Alter nachlässt (oder um einem altersunabhängigen Bequemlichkeitsbegehren zu entsprechen): Wie merke ich mir eine Geheimzahl?

Alle paar Jahre schickt uns die Bank eine neue Bankkarte mit neuer Geheimzahl. Dann muss man eine alte, lange eingeübte Ziffernfolge vergessen und sich eine neue merken. Um das ganz leicht zu bewerkstelligen, gibt es einige Memorierungs-Tools. Zwei davon möchte ich vorstellen:

1. Eine Codierung vornehmen

Hierbei werden den Zahlen 0, 1, 2, 3, 4, 5, 6, 7, 8, 9 die Buchstaben A, B, C, D, E, F, G, H, I, J zugeordnet. Wenn man Glück hat, entspricht der Geheimzahl ein leicht zu merkendes Wort. Dann merkt man sich einfach dieses. Zum Beispiel entspricht der Geheimzahl 3027 das Wort **DACH**. Doch selbst bei weniger eingängigen Buchstabenkombinationen wie zum Beispiel 5601, was der Buchstabenabfolge **FGAB** entspricht, kann man meist ein Wort finden, in welchem die Geheimzahl einen Wortausschnitt bildet. Hier etwa: HO**FGAB**EL

2. Eine Bildergeschichte erfinden

Diese Methode besteht darin, die Ziffern 0 bis 9 durch prägnante Bilder zu ersetzen und dann die zu den Ziffern gehörenden Bilder zu einer Bilderkurzgeschichte zu verknüpfen. Die folgenden Zuordnungen könnten dabei verwendet werden:

0 = Ei (weil es die Form einer Null hat)
1 = Einsiedler (ist nur einer)
2 = Fahrrad (hat zwei Reifen)
3 = König (wegen der Heiligen Drei Könige)
4 = Tisch (hat vier Beine)
5 = Hand (hat fünf Finger)
6 = Würfel (hat sechs Seiten)
7 = Siebenmeilenstiefel
8 = Achterbahn
9 = Kegelspiel (Alle neune)

Es ist zu empfehlen, sich eine ungewöhnliche Geschichte als Bilderkompilat auszudenken, da diese eingängiger und – so ist zu hoffen – mental leichter hochladbar ist. Die Geheimzahl 8034 kann man dann etwa so umsetzen: «Von einer Achterbahn rollt ein Ei dem König auf den Tisch.»

18. Bienenahnenforschung

Fibonacci-Zahlen gehören in der Mathematik zu den bekannteren Zahlen. Sie bilden eine Zahlenfolge, die mit $F_0 = 0$ und $F_1 = 1$ beginnt und deren nächstes Glied F_k immer die Summe der beiden vorhergehenden Zahlen F_{k-1} und F_{k-2} ist. Damit sieht das Anfangsstück der Fibonacci-Folge so aus:

0, 1, 1, 2, 3, 5, 8, 13, 21, 34, 55, ...

Diese Folge tritt überraschenderweise in der Generationenfolge der Bienen auf. Männliche Bienen, Drohnen genannt, werden asexuell von einer weiblichen Biene, der Königin, aus unbesamten Eiern geboren. In der Biologie bezeichnet man dies als Jungfernzeugung. Jede männliche Biene hat also nur ein Elternteil, nämlich die Königin als Mutter. Weibliche Bienen entstehen, wenn sich die Königin mit einer männlichen Biene paart, aus den vom Männchen befruchteten Eiern der Königin. Eine weibliche Biene hat also zwei Elternteile, einen Vater und die Königin als Mutter. Man kann somit sagen, dass eine Drohne einen Großvater und eine Großmutter, einen Urgroßvater, aber zwei Urgroßmütter hat. Wie es weitergeht, zeigt die nächste Abbildung

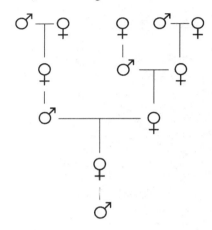

Abbildung 4: Stammbaum einer Drohne

In Tabellenform kann man es so darstellen:

Zahl der →	Eltern	Groß-eltern	Ur-groß-eltern	Urur-groß-eltern	Ur^3-groß-eltern
einer männlichen Biene	1	2	3	5	8
einer weiblichen Biene	2	3	5	8	13

Tabelle 3: Zahl der Vorfahren weiblicher und männlicher Bienen

Semimathematisch mit den Fibonacci-Zahlen ausgedrückt, hat eine Drohne also F_{k+1} Ur^k-Großväter, aber F_{k+2} Ur^k-Großmütter.

Eine der Eigenschaften der Fibonacci-Folge besteht darin, dass der Quotient zweier aufeinanderfolgender Fibonacci-Zahlen gegen eine Zahl strebt, die man als *Goldenen Schnitt* bezeichnet. Sie hat den Wert 1,618033 ...

Daraus ergibt sich noch etwas Faszinierendes. Aufgrund der Asymmetrie im Bienen-Stammbaum ist der Quotient aus der Anzahl der Weibchen und der Anzahl der Männchen in einem Bienenstock recht genau der Goldene Schnitt.

Ein Schwank aus vergangenen Tagen

Bundeskanzler Gerhard Schröder ist auf Staatsbesuch in England und trifft auch die Queen. Beim Small Talk fragt er die Königin, was denn das Geheimnis ihres Erfolges sei. Die Queen antwortet, es sei wichtig, viele intelligente Menschen im eigenen Umfeld zu haben. Das leuchtet Schröder ein: «Aber woran erkennen Sie, ob wer intelligent ist?» – «Das ist ganz einfach», meint die Königin, «ich werde es Ihnen demonstrieren.» Sie greift zum Hörer, ruft Tony Blair an und stellt ihm eine Frage: «Mr Premierminister. Es ist der Sohn Ihres Vaters, aber es ist nicht Ihr Bruder. Wer ist das?» – «Das ist einfach», sagt Tony Blair, «das bin ich selbst.»

Schröder ist begeistert und nimmt sich vor, diesen Test selbst auch bei Gelegenheit anzuwenden.

Wieder in Deutschland, ruft er sofort Fischer an: «Joschka, ich hab eine Frage für dich: Es ist der Sohn deines Vaters, aber es ist nicht dein Bruder. Wer ist es?» Fischer weiß es nicht, sagt Schröder aber, er werde die Antwort bis zum nächsten Tag herausfinden.

Da er selbst nicht darauf kommt, ruft er schließlich Stoiber an. «Es ist der Sohn deines Vaters, aber es ist nicht dein Bruder. Wer ist das?», fragt er Stoiber. «Aber das bin doch ich», sagt Stoiber. Überglücklich, das Problem gelöst zu haben, ruft Fischer sogleich bei Schröder an und jubelt: «Ich hab jetzt die Antwort auf deine Frage. Es ist der Stoiber!» – «Nein, du Trottel», fährt Schröder ihn an. «Nein, nein, es ist nicht der Stoiber, es ist der Tony Blair.»

19. Erlebnis-Mathematik in Romanen

Der US-amerikanische Mathematik-Professor Alex Kasman vom College of Charleston in South Carolina hat in jahrelanger Arbeit eine Liste mit mehr als 1000 literarischen Werken zusammengestellt, die wenigstens mathematische Spurenelemente, meistens aber wesentlich mehr Mathematik enthalten. Sind Sie auf der Suche nach mathematikhaltiger Lektüre, dann sind Sie hier richtig. Die folgenden Romane verarbeiten eine ordentliche Portion Mathematisches. Ich werde aber nicht zu viel verraten:

Apostolos Doxiadis: *Onkel Petros und die Goldbachsche Vermutung* (2001)
Ein Junge will Mathematik studieren. Sein Onkel Petros gibt ihm eine Aufgabe, um sein Talent zu testen. Der Junge verbringt viele Monate mit dem Versuch, die Aufgabe zu lösen, und scheitert. Erst viele Jahre später stellt er durch Zufall fest, dass sein Onkel ihm die Goldbachsche Vermutung vorgelegt hat, eine der großen offenen Fragen der Zahlentheorie, an der schon viele geniale Mathematiker gescheitert sind.

Scarlett Thomas: *PopCo* (2010)
Alice Butler ist bei ihren Großeltern aufgewachsen, einer Mathematikerin und einem Kryptologen, die ihr Interesse für beide Disziplinen geweckt haben. Sie gehört zum Kreativ-Team der Firma PopCo, für die sie mathematische Rätsel entwirft. An einem Wochenende nimmt sie an einem Firmentreffen auf dem Lande teil. Sehr mysteriöse Dinge passieren dabei und sie erhält codierte Botschaften unheimlicher Geheimnisse.

Gaurav Suri & Hartosh Singh Bal: *Eine gewisse Ungewissheit oder Der Zauber der Mathematik* (2008)
Seine Familie erwartet von Ravi, dass er Betriebswirtschaft studiert. Stattdessen befasst er sich mit Pythagoras, Euklid, Riemann, Hilbert und Cantor. Eines Tages entdeckt Ravi durch Zufall, dass sein Großvater, ein Mathematik-Professor, Anfang des 20. Jahrhun-

derts in den USA inhaftiert war. Er hatte gegen das Blasphemie-Gesetz verstoßen. Ravi gelingt es, die Gerichtsakten zu bekommen, und verfolgt darin, wie sein Großvater sich vor Gericht mit mathematischen Argumenten verteidigt. Auf diese Weise bemüht sich das Buch, die Faszination der Mathematik zu erklären.

20. Mathematik nach meinem Geschmack (I)

Mathematik taugt nicht für jedes Gehirn. Neben anderem ist sie nach Lage der Dinge leider kompliziert und ebenso sind es einige ihrer Rechengesetze. Dabei müsste das gar nicht der Fall sein. Hier erleben Sie ein Kurzplädoyer für eine Simplifizierung der Mathematik als Anfang einer großen Charmeoffensive dieser von manchen verkannten Wissenschaft.

Potenzieren leicht gemacht:

$$1^3 + 5^3 + 3^3 = 153$$
$$3^3 + 7^3 + 0^3 = 370$$
$$1^4 + 6^4 + 3^4 + 4^4 = 1634$$
$$5^9 + 3^9 + 4^9 + 4^9 + 9^9 + 4^9 + 8^9 + 3^9 + 6^9 = 534494836$$

Schade, dass diese einfachen Ziffernmontagen zur Ausführung des Potenzierens nicht um sich greifen können. Mit der Potenz 2 funktioniert es übrigens leider gar nicht: Es gibt keine 2-stellige Zahl, welche die Summe der Quadrate ihrer Ziffern ist.

Mathematiker nennen eine x-stellige Zahl, die sich als Summe der x-ten Potenzen ihrer Ziffern darstellen lässt, narzisstisch. Der Begriff rührt vielleicht daher, dass diese Zahlen sich durch bestimmte Rechenvorschriften aus ihren eigenen Ziffern selbst erzeugen und sich in diesem Sinne um sich selber drehen. Es gibt nur insgesamt 88 narzisstische Zahlen. Die größte davon ist 39-stellig und lautet:

$$115132219018736992565095597973971522401 =$$
$$1^{39} + 1^{39} + 5^{39} + \ldots + 0^{39} + 1^{39}$$

Ein neue Kunstform: Die keinenvergleichscheuenmüssendste Zahlenästhetik

Neben narzisstischen Zahlen gibt es auch wild-narzisstische Zahlen. Wildnarzisstische Zahlen sind, nach einer möglichen Definition, solche Zahlen, die dargestellt werden können durch Verknüpfung ihrer eigenen Ziffern in richtiger Reihenfolge unter Verwendung mathematischer Operationen wie Addition, Subtraktion, Multiplikation, Division, Wurzelziehen, Potenzieren usw. (Merkspruch: selbe Ziffern, selbe Reihenfolge, selber Wert).

Colin Rose ist ein Jäger und Sammler wild-narzisstischer Zahlen. Er hat einige dieser Zahlen zu Kunstwerken gemacht. Hier nun eine kleine Dosis dieser verungegenständlichten Formelkunst:

$2746 = 2 + \sqrt{7 \cdot \sqrt{4}^6}$

$4913 = (\sqrt{4 \cdot 9} - 1)^3$

$4096 = \sqrt{\sqrt{\sqrt{\sqrt{4+0}}}}^{96}$

$2746 = 2 + \sqrt{7\sqrt{4}^6}$

$3645 = \sqrt{3^{6\sqrt{4}} \cdot 5}$

Und das ist mein Lieblingsexemplar: $1296 = \sqrt{2^{\sqrt{9}}\sqrt[]{6}^{\frac{1}{}}}$

Völlig nutzlos, dies zu wissen. Sieht aber cool aus.

Abbildung 5: «Das sind einige meiner früheren Arbeiten.» Cartoon von Sidney Harris

21. Schlaue Sätze schlauer Menschen zur Mathematik

Erstmal nur Nettigkeiten

Für manche Menschen ist die Mathematik ein wertvolles Werkzeug, das anwendbar ist, wenn nichts anderes ihren Platz einnehmen kann.

Erwin Roscow Sleight

Die Mathematik allein befriedigt den Geist durch ihre außerordentliche Gewissheit.

Johannes Kepler

Hochtechnologie ist im Wesentlichen mathematische Technologie.

Enquete-Kommission der Amerikanischen Akademie

Es ist unmöglich, die Schönheiten der Naturgesetze angemessen zu vermitteln, wenn jemand die Mathematik nicht versteht. Ich bedaure das, aber es ist wohl so.

Richard Feynman

Mathematik ist wie Sex; sicher gibt es ein paar nützliche Resultate, aber das ist nicht der Grund, warum wir es machen.

Richard Feynman

Die Mathematik ist eine wunderbare Lehrerin für die Kunst, die Gedanken zu ordnen, Unsinn zu beseitigen und Klarheit zu schaffen.

Jean-Henri Fabre

Mit der Mathematik haben die Menschen eine Sprache erfunden, die der Realität angepasst ist und uns eigentümlich richtig über sie informiert.

Ernst Peter Fischer

Das sind allesamt schöne Gedanken, die ich mir im Selbstversuch vielleicht auch hätte machen können. Schließe mich aber nachträglich vollinhaltlich an.

22. Vom Schlauesten von allen

Gleichungen sind wichtiger für mich, weil die Politik für die Gegenwart ist, aber eine Gleichung etwas für die Ewigkeit.

Albert Einstein

Um eine Einkommensteuererklärung abgeben zu können, muss man ein Philosoph sein. Für einen Mathematiker ist es zu schwierig.

Albert Einstein

Seit die Mathematiker über die Relativitätstheorie hergefallen sind, verstehe ich sie selbst nicht mehr.

Albert Einstein

Die Mathematik handelt ausschließlich von den Beziehungen der Begriffe zueinander ohne Rücksicht auf deren Bezug zur Erfahrung.

Albert Einstein

Mathematik ist die perfekte Methode, sich selbst an der Nase herumzuführen.

Albert Einstein

Nicht alles, was gezählt werden kann, zählt, und nicht alles, was zählt, kann gezählt werden.

Albert Einstein

Insofern sich die Sätze der Mathematik auf die Wirklichkeit beziehen, sind sie nicht sicher, und insofern sie sicher sind, beziehen sie sich nicht auf die Wirklichkeit.

Albert Einstein

23. Definitionen

Der Ursprung aller Definitionen. Mathematiker arbeiten viel mit Definitionen. Das dient der eindeutigen Klärung der Sachverhalte, über die nachgedacht werden soll. Eine Definition ist eine genaue und möglichst eindeutige Bestimmung und Kategorisierung eines Objekts. Definitionen sind also eine Art von begrifflicher Vereinheitlichung und Normierung. In Deutschland gibt es eine Organisation, die sich mit Definitionen durch Normierungen beschäftigt. Es ist das Deutsche Institut für Normung (DIN). Im Deutschen Institut für Normung gibt es auch eine DIN-Normung der Normung. Diese Metadefinition lautet wie folgt: «Normung ist eine planmäßige, durch die interessierenden Kreise gemeinschaftlich durchgeführte Vereinheitlichung von materiellen und immateriellen Gegenständen zum Nutzen der Allgemeinheit.» Das also ist gewissermaßen die Definition der Definition.

Lange her und nicht mehr wahr

Jeder, der ordentlich definieren und dividieren kann, ist als Gott zu betrachten.

Platon (428–348 v. Chr.)

---

24. Meine Version

des Theorems von den unendlich vielen Affen und ihren Schreibmaschinen möchte ich hier bekannt geben. Was? Sie kennen das Infinite-Monkey-Theorem nicht? Es lautet wie folgt:

Wenn unendlich viele Affen auf unendlich vielen Schreibmaschinen unendlich lange herumtippen, werden irgendwann alle Werke von Shakespeare entstanden sein.

Und hier nun meine Übersetzung ins Unsublimierte:

Wenn unendlich viele Freischärler unendlich viele Salven auf unendlich viele Häuserfronten abfeuern, werden sie irgendwann die gesamte Heftserie Lassiter in Braille erzeugt haben.

25. Exegese für Experten

Unfrohe Botschaft.[8] In der Bibel bei *Jesaja 30,26* heißt es über den Himmel: «Ferner wird das Licht des Mondes stark sein wie das Licht der Sonne, und das Licht der Sonne wird siebenmal stärker sein als das Licht von sieben Tagen.»

Das ist eine physikalische Aussage: Sie quantitativ zu deuten ist ein Fall für das Stefan-Boltzmann-Strahlungsgesetz.

Der Himmel erhält also vom Mond so viel Strahlung, wie wir von der Sonne erhalten, und noch zusätzlich von der Sonne 7 mal 7 (= 49) mal so viel Strahlung, wie die Erde von der Sonne erhält.

Das bedeutet: Der Himmel erhält 50-mal so viel Strahlung, wie wir von der Sonne erhalten. Das ist eine großartige Information, denn damit kann man wirklich etwas anfangen. Nun ist es zunächst einmal so, dass das Licht, welches die Erde vom Mond erhält, nur etwa 1/10000 der Energie des Lichts hat, das wir von der Sonne bekommen. Sein Beitrag kann deshalb vernachlässigt werden. Zweitens wird die Strahlung, die auf den Himmel trifft, diesen aufheizen, und zwar bis zu jener Temperatur, bei welcher der Wärmeverlust durch Abstrahlung genauso groß ist wie die Wärme, die durch Einstrahlung aufgenommen wird. Das kann man auch so ausdrücken: Der Himmel verliert aufgrund von Wärmestrahlung 50-mal so viel Wärme, wie es die Erde tut. Bei Anwendung des Stefan-Boltzmann-Gesetzes bedeutet das für die Temperatur T_H des Himmels relativ zur Temperatur T_E der Erde:

$$\left(\frac{T_H}{T_E}\right)^4 = 50.$$

Setzen wir T_E = 300 Grad Kelvin, dann erhalten wir T_H = 789 Grad Kelvin, also 525 Grad Celsius, für die Himmelstemperatur. Heididei, im Himmel ist es heißer als erwartet.

Auch die Temperatur der Hölle lässt sich bibeltreu abschätzen. In der *Offenbarung 21,8* erfahren wir über die Hölle: «Aber die Furchtsamen und Ungläubigen sollen ihren Platz in dem See finden, der von Feuer und Schwefel brennet.»

Wenn es also in der Hölle einen Ort aus geschmolzenem Schwefel gibt, so bedeutet dies, dass die Temperatur der Hölle unterhalb des Siedepunktes von Schwefel liegen muss. Der Grund: Oberhalb des Siedepunkts läge der Schwefel als Schwefeldampf vor und wäre kein Schwefelsee. Der Siedepunkt von Schwefel liegt bei 445 Grad Celsius.

Irgendwie schon überraschend, diese Erkenntnis, dass der Himmel heißer ist als die Hölle. Aus meinem Religionsunterricht habe ich es anders in Erinnerung.

Himmel und Hölle

Was ist der Unterschied zwischen Himmel und Hölle?

Im Himmel sind die Schweizer die Bankiers, die Deutschen die Mechaniker, die Engländer die Humoristen, die Franzosen die Köche und die Italiener die Liebhaber. In der Hölle sind die Italiener die Bankiers, die Schweizer die Liebhaber, die Franzosen die Mechaniker, die Deutschen die Humoristen und die Engländer die Köche.

Postskriptum, zu Christi Himmelfahrt geschrieben:

Ein überzeugter Atheist steht nach seinem Tod vor dem Höllentor. Na ja, meint er, «hätte ich nich gedacht, gibt's das also doch» und beklommen tritt er ein. Doch zu seiner enormen Überraschung steht er an einer sonnenbeschienenen Meeresbucht mit weißem Sandstrand. Ein sanfter Wind weht, leise Musik erklingt im Hintergrund. Der Teufel liegt im Schatten unter Palmen, trinkt Cocktails und begrüßt ihn freundlich: «Komm her zu uns, nimm dir einen Drink und schau dich um.» Eine schöne Frau reicht ihm ein Getränk, gesellt sich zu ihm und die beiden machen erst mal einen kleinen Spaziergang. Am Ende der Bucht öffnet sich plötzlich ein großes Loch, Rauch strömt heraus, Flammen züngeln empor und von drinnen hört man lautes Jammern und Wehklagen. Irritiert kehrt der Atheist zum Teufel zurück: «Es gefällt mir sehr gut hier, aber am Ende der Bucht, da gibt es ein finsteres Loch, aus dem Jammern und Wehklagen zu hören ist. Was ist denn das?» Darauf sagt der Teufel: «Ja, weißt du, das ist für die Christen – die wollen das so!»

Das löst sicher irgendwo eine kleine Erleichterungseuphorie aus.

> **Nebenwirkung**
>
> «Konklave wählt Kardinal Ratzinger zum Papst. Teufel reicht Rücktritt ein.»
>
> So lauteten die SWR-Nachrichten am 19. April 2005, kurz nachdem der badenwürttembergische Ministerpräsident Erwin Teufel seinen Rücktritt bekannt gegeben hatte.

26. Mengenlehre, linguistisch

Eine Hypothese, die ich jetzt in den Raum stelle: Die Sprache ist differenzierter als die Mengenlehre.

Ein Beleg: Was befindet sich im Schnittbereich der drei Mengen *Polizei*, *Hunde* und *Kuchen*? Für die Mengenlehre kein Problem, wie Ihnen sofort jeder Mengenlehrer erklären kann, aber die Sprache hat eine höhere Feineinstellung. Es kann Polizeihundekuchen sein, aber auch Polizeihunde-Kuchen oder gar Polizei-Hundekuchen.

Sprache ist also hier höher auflösend als Mengenlehre.

27. Mengenlehre, cartoonistisch

Diagramme und Leute. In der Mengenlehre besonders nützlich sind die Venn-Diagramme. Das sind Illustrationen, welche die möglichen Beziehungen zwischen den vertretenen Mengen darstellen. Man muss sie lesen können und, als dessen Vorstufe, lesen können wollen. Auch obiges Diagramm ist ein Venn-Diagramm. Sowie auch das folgende. Es handelt sich um eine satirisch-venndiagrammatische Bearbeitung des Themas *Venn-Diagramme* durch meinen Lieblingscartoonisten Sidney Harris.

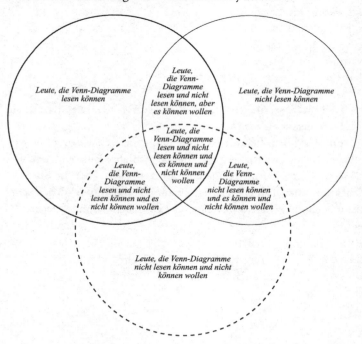

Für Leute die lesen können oder nicht lesen können.

28. Selbstbezügliche Sätze (I)

Worum könnte es gehen in einem Marburganderlahnbuch?

Dieser Satz gradually changes into English.

ich sollte mit einem großen Anfangsbuchstaben beginnen.

Das sind zunächst einmal drei Sätze als Einstieg in unser Thema. Doch man kann es auch noch verkomplizieren und dann wegen Überkomplexität computerisieren: Im Jahr 1984 baute der britische Ingenieur Lee Sallows einen Computer, der darauf spezialisiert war, Sätze zu konstruieren, die ihre eigenen Buchstaben inventarisieren. Ein von Lee Sallows' Computer generierter Satz lautet:

This pangram contains four a's, one b, two c's, one d, thirty e's, six f's, five g's, seven h's, eleven i's, one j, one k, two l's, two m's, eighteen n's, fifteen o's, two p's, one q, five r's, twenty-seven s's, eighteen t's, two u's, seven v's, eight w's, two x's, three y's, & one z.

Ich könnte natürlich diese unscheinbare Aussage ins Deutsche übersetzen, beginnend mit «Dieses Pangramm enthält ...». Doch eine Pionierarbeit dieser Größenordnung ist in absehbarer Zeit nicht in meine Lebensplanung integrierbar. Wie ist es bei Ihnen: Sind Sie Zeitmillionär mit Lust und Emsigkeit, diesen Satz so zu übertragen, dass er auch im Deutschen stimmt?[9]

Der Stempel fürs Poetische

Abbildung 6: «twenty-five letters of poetry» von Timm Ulrichs

Hier ist die kunstgerechte deutsche Übersetzung leicht. Sie lautet:
Neunundzwanzig Buchstaben Lyrik

29. Mathematiker-Schnelltest

Du bist ein Mathematiker, wenn
- im Alter von 40 deine produktivsten Jahre hinter dir liegen.
- koffeinhaltige Stoffe deine Hauptnahrungsmittel sind.
- du zwar Fehler machst, aber es sehr interessante Fehler sind.
- du die gesamte Mathematik verstehst, die Gauß gemacht hat ... bis er 13 war.
- du schon mal Pi gewählt hast, als du eine Zahl zwischen 1 und 10 wählen solltest.
- deine Telefonnummer die Summe zweier Primzahlen ist.
- du dir Postleitzahlen zahlentheoretisch merkst: «Die kleinste Zahl, die auf zwei verschiedene Arten als Summe zweier Kuben darstellbar ist.»
- du mit den Fingern im Binärsystem bis 1023 zählen kannst.
- du weißt, was eine Erdös-Zahl ist.

- du mindestens fünf verschiedene Beweise vom Satz des Pythagoras kennst.
- du schon mal mehr als zwei Tage an demselben Problem gearbeitet hast.
- du statt «es gibt» meist «es existiert» sagst.
- du mehr als die ersten 10 Dezimalen von Pi auswendig kannst.
- Komplexifizierung das größte Pläsier ist, dass du mit angezo-
  gener Hose je hattest.

Des Mathematikers bester Freund

Das Koffeinmolekül

Denn bekanntlich gilt ein Satz des Wandermathematikers Paul Erdös:[10]
Ein Mathematiker ist ein Laufwerk, das Kaffee in Theoreme umwandelt.

PS: Stark muss er allerdings sein. Ohne starken Kaffee keine tiefen Theoreme.
Bodenseh-Kaffee reicht maximal für Lemmas.

---

30. Eignungstest für Mathematiker

Haben Sie das Zeug zum Mathematiker? Paul Erdös, schlechthin
der Mathematiker des 20. Jahrhunderts und Ikone seiner Disziplin, betrachtete den Beweis der folgenden Aussage als einen nütz-
lichen Schnelltest für die mathematische Intuition und Bega-
bung eines Menschen.

*Unter je n + 1 beliebig ausgewählten Zahlen der Menge {1, 2, 3, ..., 2n} gibt
es immer zwei, von denen die eine die andere teilt.*

Können Sie eine Begründung in denkbare Bahnen lenken? Möchten Sie sich daran versuchen?

Noch ein Eignungstest

Wer Präsident von Kirgisien werden will, muss vorab einen Prüfungsaufsatz schreiben. Hat er darin mehr als 13 Fehler, wird er bei der Wahl als Kandidat nicht zugelassen.

31. Wo, wie und wann Mathematik gemacht wird

Ungewöhnliche Schauplätze

Évariste Galois (1811–1832), trotz kurzen Lebens ein mathematischer Welterfolgler des 19. Jahrhunderts, fuhr mit einer Kutsche in Paris einst zu einer Abendgesellschaft. Während der Fahrt dachte er, wie könnte es auch anders sein, über Mathematik nach. Da er kein Papier zur Hand hatte, wusste er sich nicht anders zu helfen, als die Innenwände der Kutsche mit seinen Gedanken zu beschriften. Nach der Soireé bemühte er sich, seine mathematischen Überlegungen aus der Kutsche zu rekonstruieren. Leider vergeblich. Deshalb suchte er während der nächsten Tage ganz Paris nach seiner Kutsche ab. Ob er sie fand, ist nicht überliefert.

Die Moral von der Geschichte für Sie: Sollten Sie mit einem Mathematiker unterwegs sein, ist es ratsam, stets etwas Papier mitzuführen. Denn wenn einem Mathematiker das Papier ausgeht, weiß der Teufel, worauf er dann schreiben wird.[11]

32. Mathematisierung des Fußballspiels

Expertenwissen für Fußballer und Unfußballer. Ausgehend von einer immensen Datenbasis zigtausend gespielter Spiele, lässt sich das Fußballspiel auch mit statistisch-mathematischen Mitteln untersuchen. Ein paar Ergebnisse dieser Analysen sollen hier zur Sprache kommen:

- Die erfolgversprechendste Art, einen Elfmeter zu schießen, besteht, statistisch gesehen, darin, mit einer Geschwindigkeit von 90 bis 100 km/h halbhoch nach halblinks oder halbrechts zu schießen.
- Die Trefferwahrscheinlichkeit beim Elfmeterschießen ist abhängig von der Spieldauer: Sie fällt, über alle Schützen gemittelt, von 83 % in der Anfangsphase des Spiels auf 73 % in der Endphase des Spiels.
- In der Bundesliga haben gute Schützen beim Elfmeterschießen eine Trefferwahrscheinlichkeit von 85 %, schlechte von 65 %.
- Analysiert man das nach 120 Minuten in manchen Spielen stattfindende Elfmeterschießen mit Methoden der Wahrscheinlichkeitstheorie, dann ergibt sich als Tipp für Trainer: Sie sollten den schwächsten Schützen zuerst antreten lassen. Und nicht, wie nach landläufiger Meinung angenommen, den stärksten zuerst und dann schrittweise den nächstbesten Schützen.

Im Fußball lassen sich Zufallseinflüsse mit Hilfe eines wahrscheinlichkeitstheoretischen Modells erfassen. Ganz ähnlich wie Autounfälle an einer Kreuzung oder Druckfehler in einem Buch oder Geburten auf einer Entbindungsstation verteilen sich die Tore während eines Spiel gemäß der sogenannten Poisson-Verteilung. Wie gut die Näherung ist, zeigt die folgende Tatsache. In der deutschen Bundesliga liegt die mittlere Anzahl der Tore pro Spiel bei 3,084. Aus der Poisson-Approximation mit diesem Mittelwert kann man dann errechnen, dass in 81,7 % der Spiele mindestens ein Tor zu erwarten ist. Tatsächlich sind es in der Bundesliga 81,1 % der Spiele, die nicht torlos enden. Mit der Poisson-Approximation können auch intuitiv schwer einschätzbare Ereignisse quantifiziert werden. Wie würden Sie etwa die Wirkung einer roten Karte zahlenmäßig erfassen oder den Heimvorteil? Hier sagt die Wahrscheinlichkeitstheorie:

- Bei etwa gleich starken Mannschaften macht eine rote Karte für das profitierende Team im statistischen Mittel 1/2 Tor pro Halbzeit aus.

- Der Heimvorteil macht in der Bundesliga im statistischen Mittel 1/2 Tor pro Spiel aus.

Und nun zur Hauptfrage: Wer wird Deutscher Meister?

Wir behandeln diese Frage datenanalytisch: Inwieweit kann man den Deutschen Meister vor Beginn der Saison vorhersagen?

Es gibt ein recht genaues Kriterium, das sich schon oft als zuverlässig erwiesen hat. Es handelt sich um den durchschnittlichen Marktwert der Spieler des Kaders einer Mannschaft. Nehmen wir die Bundesligasaison 2007/08 als Musterbeispiel und listen für jede Mannschaft den letztendlichen Tabellenplatz und den Rangplatz des durchschnittlichen Marktwertes nebst der Differenz dieser beiden Platzierungen:

Verein	Durchschnittlicher Marktwert der Spieler des Kaders in 1000 Euro	Markt-wert-Rang	Tabellen-platz am Saison-Ende	Diffe-renz
FC Bayern München	8654	1	1	0
Werder Bremen	4073	2	2	0
FC Schalke 04	3732	3	3	0
VfB Stuttgart	3445	4	6	–2
Hamburger SV	3229	5	4	1
Borussia Dortmund	3200	6	13	–7
Bayer 04 Leverkusen	2818	7	7	0
Hertha BSC	2262	8	10	–2
1.FC Nürnberg	2211	9	16	–7
Eintracht Frankfurt	2018	10	9	1
VfL Wolfsburg	1872	11	5	6
Hannover 96	1755	12	8	4
VfL Bochum	1217	13	12	1
Arminia Bielefeld	1156	14	15	–1
Karlsruher SC	1143	15	11	4
MSV Duisburg	884	16	18	–2
FC Energie Cottbus	742	17	14	3
Hansa Rostock	733	18	17	1

Tabelle 4: Informationen zur Bundesligasaison 2007/08

Die Differenzen in der letzten Spalte sind in der Regel gering. Das unterstreicht die Brauchbarkeit des Indikators. Bildet man den Korrelationskoeffizienten zwischen Marktwert-Rang und Tabellenplatz am Saisonende, so ergibt sich der sehr hohe Wert von r = 0,80. Dieser hohe Wert deutet darauf hin, dass die enormen Transfersummen für die Spieler gerechtfertigt sind als Indikatoren ihrer Spielstärke; denn die Analyse belegt, dass sie, global über alle Spieler betrachtet, in engem Zusammenhang stehen mit der abschließenden Platzierung des Vereins. Allein aufgrund dieses Kriteriums hätte man also in der Saison 2007/08 die ersten drei Teams der Schlusstabelle fehlerfrei vorhersagen können.[12]

Der Mammon entscheidet's also und nicht der Fußballgott?

33. Zurück zur Brüderlichkeit

In meinem Buch *Das kleine Einmaleins des klaren Denkens* stellte ich als meinen Beitrag zur *Woche der Brüderlichkeit* die verblüffende Frage:

Haben Frauen mehr Brüder als Männer?

Die Antwort war im Buch nicht angegeben. Ich erwähnte aber, dass bei der Beantwortung dieser Frage schon recht große Geister irrten. Professor Frederick Mosteller von der Harvard University, einer der bedeutendsten Statistiker des letzten Jahrhunderts, hatte 1978 auf einer wissenschaftlichen Tagung in einem Vortrag geäußert: «Im Mittel haben die Frauen mehr Brüder als die Männer und die Männer mehr Schwestern als die Frauen. Festzustellen, warum dies so ist, kann sehr lehrreich sein.» Diese Aussage ist nicht richtig. Doch bei der angesprochenen Tagung wurde das offensichtlich von niemandem beanstandet.

Eine Reihe von Zuschriften von Lesern erreichten mich, die um eine Auflösung des Rätsels baten. Es ist überraschenderweise tatsächlich so, dass Frauen und Männer im Durchschnitt *gleich viele* Brüder haben. Denn das Geschlecht einer zufällig ausgewählten

Person P, die nach der Anzahl ihrer Brüder befragt wird, beeinflusst nicht das Geschlecht der übrigen Geschwister in ihrer Familie. Die durchschnittliche Anzahl der Brüder ist deshalb gleich der durchschnittlichen Anzahl der Schwestern unter den Geschwistern von P. Und: Die durchschnittliche Anzahl der Brüder, wenn P weiblich ist, ist gleich der durchschnittlichen Anzahl der Brüder, wenn P männlich ist.

Man tappt hier insofern leicht in eine Denkfalle, als man die zufallsbehaftete Situation der Verteilung der Kinder in einer Familie durch eine deterministische Situation ersetzt, man also ganz konkret an eine einzelne Familie denkt und ermittelt, wie viele Brüder jedes Mädchen und wie viele Brüder jeder Junge in dieser gegebenen Familie hat. Dann ist es in der Tat natürlich so, dass jedes Mädchen einen Bruder mehr hat als jeder Junge. Das scheint auch die Grundlage für die weitverbreitete Fehlintuition zu sein.

Wenn Ihnen auch diese Erklärungen noch nicht überzeugend erscheinen, dann betrachten Sie doch einmal gedanklich alle Familien mit zwei Kindern. Eines der Kinder werde nach dem Geschlecht seines einzigen Geschwisters befragt. Für diese Situation gibt es die vier Möglichkeiten WW, WM, MW, MM. Dabei wurde durch Unterstreichung das Geschlecht des befragt Kindes markiert. Diese vier Fälle sind gleich wahrscheinlich. Und in zwei der vier Fälle wird ein Mädchen befragt. Es hat einmal keinen und einmal einen Bruder. In den anderen zwei der vier Fälle wird ein Junge befragt, der ebenso einmal keinen und einmal einen Bruder hat. Die Verteilung der Geschlechter bei den Geschwistern des befragten Kindes ist also offensichtlich symmetrisch. Und ganz genauso ist es auch bei Familien mit drei oder vier oder noch mehr Kindern. Buchstäblich genau dasselbe Argument funktioniert auch bei diesen kinderreicheren Familien. Damit ist die Symmetrie des Sachverhalts in der Fragestellung erklärt.

34. Die Eheformel[13]

Beziehungen und alle dabei anfallenden Vorgänge. Wir sind schon verschiedentlich Zeuge der Tatsache geworden, dass man mit der Mathematik in die erstaunlichsten Bereiche hineinleuchten und sich dort Klarheit schaffen kann. Das trifft selbst für zwischenmenschliche Bereiche zu. So hat der ausgebildete Mathematiker und spätere Psychologe John Gottman die Naturgesetze von Ehen und Beziehungen mathematisch untersucht. Er ist laut Aussagen aus seinem Umfeld angetreten, um für das Verständnis von Beziehungen nichts weniger als das zu tun, was Einstein dereinst für die Kosmologie getan hat. Und Gottman hat es schon ein Stück weit geschafft.

Selbst ist der Mann (1)

«Ich will ganz in Ruhe heiraten, allein für mich.»
Der Boxer Axel Schulz über seine Hochzeitsplanung

Selbst ist der Mann (2)

«Auch Lothar Matthäus wünscht sich ein Baby. Aber er will sich nicht helfen lassen.» Die *Bildzeitung* über die Familienplanung des Fußballers

---

Seit mehr als 20 Jahren bewegt Gottman die Frage, warum manche Ehen scheitern und andere Ehen nicht. Sein Zugang zu diesem großen Rätsel der Zwischenmenschlichkeit ist weder psychologisch noch philosophisch, sondern quantitativ.

Er bittet Ehepaare, sich miteinander über ihre Eheführung zu unterhalten, speziell über die Themen, die bei ihnen kontrovers sind. Diese Gespräche werden auf Video aufgezeichnet. Zusätzlich werden Informationen wie Pulsfrequenz, Hauttemperatur und andere physiologische Daten erhoben. Gottman und seine Mitarbeiter haben über die letzten Jahrzehnte mehrere Tausend dieser Datensätze ausgewertet. Dabei wurde jeder gesprochene Satz, jeder Gesichtsausdruck und jede nonverbale Äußerung der Ehepartner auf einer Emotionsskala von *Verachtung* (–4) über *Jam-*

mern (–1) bis zur *starken Zuwendung* (+4) bewertet. Die Daten dieser etwa einstündigen Gespräche konnte der Wissenschaftler dann so in Koordinatensysteme verdichten, dass er in einer Langzeitstudie die Scheidung eines Paares über die nächsten 15 Jahre mit 91%iger Wahrscheinlichkeit korrekt vorhersagen konnte. Er irrte dabei, wenn überhaupt, nur im falsch-negativen Bereich. Das heißt, jede schließlich erfolgte Ehescheidung hatte er korrekt vorhergesagt. Er hatte aber zusätzlich einige wenige Ehen als Scheidungskandidaten prognostiziert, die auch nach 15 Jahren noch nicht geschieden waren.

Wie hat er das gemacht?

Getreulich untreu

Rainer von Othegraven ist wegen Untreue angeklagt. Er soll auf Dienstreisen seine Ehefrau mitgenommen haben.

Aus: *Kölner Stadt-Anzeiger*

Vereinfacht und vergröbernd, kann man es so ausdrücken: Die Wissenschaftler haben bei der Datenauswertung die positiven und negativen kommunikativen Elemente zueinander ins Verhältnis setzen. Als Schwellenwert für ihren Scheidungs-Indikator fanden sie ein kritisches Verhältnis von 5 : 1. Im Klartext: Einem Ehepaar, welches nach einer heftigen, stark negativen Situation im Gespräch durchschnittlich weniger als fünfmal mit positiven kommunikativen Elementen aufeinander reagierte, prognostizierten die Forscher kaum Chancen auf eine dauerhafte Beziehung. Und sie hatten, wie erwähnt, in 91 Prozent der Fälle recht damit.

Einen «Dow-Jones-Index für Ehestabilität» nennen die Forscher selbst ihre Resultate.

Abbildung 7: «Meine Frau versteht mich nicht.» Cartoon von Sidney Harris

35. Statistizid

Im Jahr 1994 wurde der berühmte US-amerikanische Footballstar O. J. Simpson wegen Mordes an seiner Ex-Ehefrau angeklagt. Simpson hatte seine Frau Nicole nachweislich während der Ehe geschlagen und vergewaltigt. Der Mathematiker John Allen Paulos schreibt Folgendes über die Verhandlung vor Gericht:

«Zu meiner Unzufriedenheit mit der Simpson-Geschichte trugen zahllose Beispiele dessen bei, was man Statistizid nennen könnte. Lassen Sie mich mit dem Refrain beginnen, der von Anwalt Alan Dershowitz während der Verhandlung permanent wiederholt wurde. Er erklärte, die Misshandlungen in der Ehe der Simpsons seien irrelevant für den Fall, da weniger als eine von 1000 Frauen, die von ihren Ehemännern misshandelt wurden, später auch von ihnen getötet werden. Obwohl die Zahlen korrekt sind, ist die Behauptung von Dershowitz ein verblüffendes *non sequitur*; sie ignoriert nämlich eine offensichtliche Tatsache: Nicole Simpson *wurde* getötet.»

Nachdem das Urteil im Mordprozess gegen O. J. Simpson gesprochen worden war, bekanntlich war es ein Freispruch, kam es zu einem engagierten Austausch von Briefen zwischen Paulos und Dershowitz, die in der *New York Times* veröffentlicht wurden:

New York Times vom 30. Mai 1999

In seiner Rezension des Buches *Once upon a Number* von Allen Paulos sagt James Alexander, dass Paulos mich des Statistizids beschuldigt für mein Argument im O.-J.-Simpson-Prozess, dass weniger als eine von 1000 Frauen, die von ihren Partnern missbraucht werden, später auch von ihnen umgebracht werden. Er erwähnt zutreffend, dass Nicole Brown Simpson in der Tat umgebracht wurde und die Frage war, ob der vermeintlich gewalttätige Ehemann der Killer war. Er behauptet sodann, unter Verwendung des Bayes'schen Theorems: «Wenn ein Mann die Ehefrau oder Freundin missbraucht und diese später ermordet wird, ist der Mann in mehr als 80 % der Fälle der Mörder.» Aber er vergisst zu erwähnen, dass, wenn eine Frau ermordet wird, es stets sehr wahrscheinlich ist, dass ihr Ehemann oder Freund der Mörder ist, unabhängig davon, ob Missbrauch in der Ehe stattgefunden hat. Die Schlüsselfrage ist, wie dominant die Tätlichkeiten waren, verglichen mit der Beziehung als solcher. Ohne diese Information ist die 80-Prozent-Zahl bedeutungslos. Ich hätte erwartet, dass ein paar Statistiker diesen Fehlschluss gesehen haben würden.

Alan M. Dershowitz, Cambridge, Mass.

Der Brief zeigt, dass Dershowitz von quantitativen Argumenten, die auf Wahrscheinlichkeiten basieren, wenig Ahnung hat. Das Antwortschreiben von Paulos arbeitet die Schwachstelle der Dershowitz'schen Argumentation denn auch deutlich heraus.

New York Times vom 27. Juni 1999

In seinem Brief vom 30. Mai kommentiert Alan M. Dershowitz einige Punkte, die ich in meinem Buch *Once Upon a Number* vorgebracht habe. Dershowitz argumentierte im ersten O.-J.-Simpson-

Prozess, dass in jedem gegebenen Jahr weniger als eine von 1000 Frauen, die von ihren Partnern missbraucht worden sind, auch von ihrem Ehemann oder Freund ermordet wurden. Diese Statistik ist richtig, aber überwältigend irrelevant, da sie außer Acht lässt, dass es tatsächlich ein Mordopfer gab. Diesen ganz ungeheuren Patzer schönfärbend, bezweifelt Dershowitz meine Behauptung, dass, wenn ein Mann die Ehefrau oder Freundin missbraucht und sie später ermordet wird, a priori der Missbrauchstäter in 80 Prozent der Fälle auch der Mörder ist. Dershowitz erwähnt, dass, wenn eine Frau ermordet wird, «mit großer Wahrscheinlichkeit» der Partner der Mörder ist, unabhängig davon, ob es vorher Missbrauch gab oder nicht. Wieder richtig. Aber «mit großer Wahrscheinlichkeit» ist sehr unpräzise. Die Wahrscheinlichkeitstheorie und die vernünftigen Voraussetzungen, die verwendet wurden, um die obige Zahl von 80 Prozent herzuleiten, können abermals verwendet werden, um zu ermitteln, dass, wenn ein Mann seine Frau nicht missbraucht und sie später ermordet wird, der Ehemann oder Freund in weniger als 25 Prozent der Fälle der Mörder ist. Wenn eine missbrauchte Frau ermordet wird, legen sowohl die Wahrscheinlichkeitstheorie als auch der gesunde Menschenverstand nahe, dass der Missbrauch oft von Bedeutung für den Mordfall ist.

John Allen Paulos, Philadelphia

Ein klarer intellektueller K.-o.-Sieg von Paulos über Dershowitz.

36. Die Negation des Negativen

In der Mathematik ist die Sache klar: Doppeltes Minus ergibt Plus. Das negierte Negative ist positiv. In der Sprache ist es aber so einfach nicht. Im Hochdeutschen ist die doppelte Verneinung eine Bejahung: Er ist nicht unintelligent, sagt man zum Beispiel. Aber in manchen Dialekten kann eine doppelte Negation als Bekräftigung der Verneinung fungieren. Dasselbe gilt auch für eine mehr als nur doppelte Negation, also für multiple Negation. Auch diese ist in Dialekten als Negationsverstärker sehr beliebt: Mega-Negation gewissermaßen.

Dreifache Verneinung: *Hat kaaner kaa Messer net do?* (Hessisch)

Vierfache Verneinung als Verneinungsverstärkung: *Bei uns hod no nia koana koan Hunga ned leidn miassn.* (Bayrisch)

Vierfache Verneinung als Bejahung: *Nanonaned.* Österreichisch in der Bedeutung von *Aber sicher, natürlich!*

Auch in der Literatur finden sich bisweilen mehrfache Verneinungen, geglückte und nicht ganz geglückte:

In den *Filserbriefen*[14] steht der Satz:
> *Der Ministri hat no nia neamals neamand nix ned recht macha kenna.*

Wenn das wörtlich ins Hochdeutsche übertragen wird, kommt man zu:
> *Der Minister hat noch nie niemals niemandem nichts nicht recht machen können.*

An hochdeutsche Formulierungsüblichkeiten angepasst:
> *Der Minister hat noch nie jemandem irgendetwas recht machen können.*

Eine dreifache Verneinung findet sich in den *Lausbubengeschichten* vom selben Autor. Einer der Lausbuben antwortet auf die Frage, ob sie im Lateinunterricht schon den Epaminondas durchgenommen hätten:
> *Wir haben noch nie keinen Epaminondas nicht gehabt.*

Und auch Shakespeare steuert in *Was ihr wollt* etwas Einschlägiges zum Thema bei:
> *And that no woman has; nor never none shall mistress be of it.*

Sowie aus jüngerer Zeit: Denis Johnson in *Tree of Smoke:*
> *None of that shit don't matter to me no more.*

Oder noch besser: Muhammed Ali, groß-verbal:
Ain't nobody nothing like me.

Köstlich ist auch die Formulierung *Niemals nicht mit ohne Schirm!* aus den Zwiebelfisch-Kolumnen von Bastian Sick auf *Spiegel Online*.

Man kann alles Vorhergehende aber noch toppen:

Sechsfache Verneinung:
Bei uns hod no nia ned koana koa Bia ned drunga. (Bayrisch)

Und nahezu ebenso hübsch ist:
Bei uns is no nia ned koana koa Dummer ned gwen,
der wo no nia ned koa Hochdeitsch ned gred hod. (Bayrisch)

Modulare Arithmetik

... des Vogelzeigens

«Beleidigende Gesten im Straßenverkehr können teuer werden. Das Tippen mit dem Zeigefinger an die Schläfe kostet meist mehr als 1000 Euro Strafe. Doch Autofahrer, die über eine gewisse Fingerfertigkeit verfügen, können einer Bestrafung entgehen: Der ADAC wies einst darauf hin, dass der sogenannte Doppelvogel, das gleichzeitige Tippen mit beiden Zeigefingern an beide Schläfen, nach einem Urteil des Oberlandesgerichts Düsseldorf aus dem Jahr 1996 (Az: 5Ss 383/95-21) keine Missachtung ausdrückt und nicht strafbar ist.»

Ergo: Eine doppelte Beleidigung ist gar keine: 1 + 1 = 0.

... der Alibis

Ein Alibi ist ein Alibi, aber zwei verschiedene Alibis sind kein Alibi.

Auch hier also: 1 + 1 = 0

Abbildung 8: «Ich weiß nicht recht. In letzter Zeit hat viel Wissenschaftsbetrug stattgefunden.» Cartoon von Sidney Harris

Auch in der um Präzision bemühten Sprache der Gesetzgebung wird nicht selten mit mehrfacher Verneinung gearbeitet:

Paragraph 118 des Bürgerlichen Gesetzbuches befasst sich mit dem juristischen Kasus der sogenannten *Scherzerklärung:*

«Eine nicht ernstlich gemeinte Willenserklärung, die in der Erwartung abgegeben wird, der Mangel an Ernstlichkeit werde nicht verkannt werden, ist nichtig.»

Das sind insgesamt fünf in verschiedener Weise aufeinander bezogene Verneinungen (nicht, Mangel, nicht, verkannt, nichtig), die Ungeübte und Unausgeschlafene vor ein nicht ganz leicht zu lösendes Deutungsproblem stellen dürften.

Mit gegen Antifreiheit

Kürzlich fand ich in der Werbung für eine Sonnenbrille die Formulierung, dass sie «mit einer Beschichtung gegen Antibeschlagsfreiheit» versehen sei.

---

37. Der logische Mount Everest

Logische Rätsel machen Spaß. Schwere logische Rätsel machen vielleicht auch noch Spaß, sind aber starke Herausforderungen. Nach Meinung des berühmten Mathematikers und Philosophen George Boolos, der als Professor am Massachusetts Institute of Technology (USA) seiner Arbeit nachging, ist das schwerste logische Problem das folgende, vom Logiker Raymund Smullyan erdachte und vom Informatiker John McCarthy leicht modifizierte Rätsel:

Die drei Götter A, B, C heißen Wahr, Falsch und Zufällig in irgendeiner Reihenfolge. Wahr spricht immer Wahr, Falsch sagt immer die Unwahrheit, und ob Zufällig die Wahrheit sagt oder lügt, ist eine Sache des Zufalls, die er durch geheimen Münzwurf entscheidet Die Aufgabe besteht darin, die Identitäten des Trios zu ermitteln. Zu diesem Zweck darf man drei Ja-Nein-Fragen stellen. Die Götter verstehen Deutsch, doch antworten sie nur in ihrer eigenen Sprache, in der die Wörter für ja und nein ro und so sind, in irgendeiner Zuordnung. Und Sie wissen nicht, welches Wort was bedeutet.

Wenn Sie also den logischen Mount Everest erklimmen wollen, hier ist ihre Chance.[15]

38. Einfachheit durch Einsilbigkeit

Der im vorausgehenden Kurzkapitel erwähnte George Boolos hat Gödels Unvollständigkeitssatz in der Zeitschrift *Mind* in Worten mit nur einer Silbe erklärt. Die letzten beiden Sätze dieser originellen Simplifizierungs-Bemühung lauten so:

«So, if math is not a lot of bunk, then, though it can't be proved that two plus two is five, it can be proved that it can't be proved that two plus two is five.

By the way, in case you'd like to know: yes, it *can* be proved that if it can be proved that it can't be proved that two plus two is five, then it can be proved that two plus two is five.»

In deutscher Übersetzung:[16]

«Also, wenn die Mathematik kein Schrotthaufen ist, dann kann man, obwohl man nicht beweisen kann, dass zwei plus zwei fünf ist, dennoch beweisen, dass man nicht beweisen kann, dass zwei plus zwei fünf ist.

Übrigens, für den Fall, dass Sie es wissen möchten: Ja, es *kann* bewiesen werden, dass, wenn es bewiesen werden kann, dass es nicht bewiesen werden kann, dass zwei plus zwei fünf ist, dann kann es bewiesen werden, dass zwei plus zwei fünf ist.»

Der Rede wert

«Ich, George Herbert Walker Bush, Präsident der Vereinigten Staaten von Amerika, erkläre hiermit die Dekade beginnend mit dem 1. Januar 1990 zum Jahrzehnt des Gehirns. Ich rufe alle öffentlichen Bediensteten und das Volk der Vereinigten Staaten dazu auf, es durch entsprechende Programme, Zeremonien und Aktivitäten zu begehen.»

»»

Präsidentielle Proklamation Nr. 6158 vom 17. 7. 1990 von George Bush sen.

Eine Anmerkung: Am Ende der *Dekade des Gehirns* begann die Dekade von George Bush jun.

39. Mathematische Erfolgsgeschichte

Der amerikanische Mathematiker Ronald Coifman hat mit filigranen Methoden der mathematischen Schwingungstheorie die Musik auf einer teilweise geschmolzenen und dadurch stark beschädigten Wachswalze, die einen von Johannes Brahms komponierten Tanz enthielt und von ihm selbst bespielt worden war, so gut rekonstruiert, dass der typische Musikstil von Johannes Brahms deutlich erkennbar wurde. Ohne den Einsatz von Mathematik konnte die auf der Walze gespeicherte Information nicht einmal als Musik identifiziert werden.

Zauberei?

Clarkes Drittes Gesetz

Jede hinreichend weit fortgeschrittene Technologie ist von Zauberei nicht unterscheidbar.

40. Wenn Unwahrscheinliches in Serie geht

1. Im amerikanischen Bundesstaat New Jersey gewann eine Frau die dortige Staatliche Lotterie innerhalb kürzester Zeit gleich zweimal. Die *New York Times* berichtete darüber und gab die Wahrscheinlichkeit dafür mit 1 : 17 Trillionen an. Und dennoch: Die Mathematiker Stephen Samuels und George McCabe errechneten die Wahrscheinlichkeit, dass irgendjemand irgendwo in den USA zweimal die Lotterie gewinnen würde, als 1 : 30 für ein 4-Monats-Intervall und als etwa 1/2 über eine 7-Jahres-Periode.

2. Der Forstbeamte Roy Sullivan aus dem Shenendoah-National-park in Virginia (USA) wurde weltweit dadurch berühmt, dass er insgesamt 7-mal vom Blitz getroffen wurde und jeden dieser Einschläge überlebte. Man nannte ihn den menschlichen Blitzableiter. Was die Blitze nicht erreichten, führte er selber aus: Er starb 1983 von eigener Hand.

Setzen wir darauf einmal die Wahrscheinlichkeitstheorie an: In den USA gibt es bei einer Bevölkerung von rund 300 Millionen jedes Jahr rund 1000 Blitzeinschläge in Menschen, 40 von diesen sterben daran. Die Wahrscheinlichkeit, in einem gegebenen Jahr vom Blitz getroffen zu werden, beträgt also 1 : 300 000. Über eine Zeitspanne von 80 Jahren betrachtet ist die Wahrscheinlichkeit für Blitzeinschlag etwa 1 : 10 000. Bei der Annahme unabhängiger Ereignisse liegt die Wahrscheinlichkeit für 7 Blitzeinschläge, verteilt über 80 Jahre, insgesamt bei 1 : 10 Quintillionen. Eine Wahrscheinlichkeit, die kleiner ist als die, dass ein zweifacher Lottogewinner durch Meteoriteneinschlag ums Leben kommt. Diese fantastisch geringe Wahrscheinlichkeit gilt aber nicht für Sullivan, der durch die Art seiner Arbeit als Ranger in einem Naturpark wesentlich höheren Risiken für Blitzeinschläge ausgesetzt war. Und insbesondere im Shenendoah-Nationalpark gibt es viele Gewitter.

Von Null auf Nicht-Null?

Überlebenschance für Ertrunkene gestiegen.

Aus: *Neuisenburger Ärztezeitung*

Als Erklärung für obige und andere sehr seltene Ereignisse fungiert das sogenannte *Gesetz der wahrhaft großen Zahlen*:

Ist die Stichprobe nur hinreichend groß, wird selbst das abstruseste und extrem Unwahrscheinliche gelegentlich eintreten.

Und fürwahr: Extrem unwahrscheinliche Ereignisse mit einer Wahrscheinlichkeit von 1 : 10 Millionen treten in einer Population von 100 Millionen Menschen zuhauf auf.

41. Bruchrechnung im Namen des Volkes

Ein Anwalt traute seinen Augen nicht: Am 19. Juni verkündete das Landgericht Köln im Verfahren 19S 485/84 ein Urteil mit dieser Kostenentscheidung:

«Die Kosten des Rechtsstreits erster Instanz tragen die Klägerin zu 5/7 und die Beklagten als Gesamtschuldner zu 3/7.»

Die also zu acht Siebteln verpflichteten Prozessparteien wiesen das Gericht auf die mathematische Bedenklichkeit seines Urteils hin und baten um Berichtigung. Der neue Bescheid erging am 15. August. An diesem Tag wurde beschlossen:

«Wird der Tenor des am 19. 6. 1985 verkündeten Urteils wegen einer offenbaren Unrichtigkeit dahin berichtigt, dass von den Kosten des Rechtsstreits erster Instanz die Klägerin 5/7, die Beklagten als Gesamtschuldner 2/5 tragen. §319 ZPO.»

Nun, ließ der Anwalt wissen, fragen die durchaus zahlungswilligen Prozeßparteien sich, was geschieht, falls sie es noch einmal wagen, das Gericht auf die Problematik seiner Bruchrechnung hinzuweisen.

Kölner Zeitung, 4. 10. 1985,
zitiert nach *mathematik lehren*,
Heft 25, Dez. 1985, S. 24.

Abbildung 9: «5/3 der Klasse verstehen kein einziges Wort, das ich über Brüche sage.» Cartoon von Sidney Harris

42. Man-in-the-middle-Angriff (I)

Unverlierbare Wetten

Kain glaubt, dass der 1. FCK mit Wahrscheinlichkeit 5/8 Deutscher Meister wird. Abel glaubt, dass der 1. FCK mit Wahrscheinlichkeit 3/4 nicht Deutscher Meister wird. Beide sind jeweils bereit, jede Wette darauf zu akzeptieren, die ihnen eine positive Gewinnerwartung gibt. Bob aus dem Mathe-Spezialistencamp nutzt dies geschickt aus, um sich ein bisschen Taschengeld zu verdienen:

Bob vereinbart die folgende Wette mit Kain:

> *Bob wird Kain 2 Euro zahlen, wenn der 1. FCK Meister wird, und wird 3 Euro von Kain erhalten, wenn er es nicht wird.*

Kain akzeptiert diese Wette, denn seine Gewinnerwartung in Euro ist

$$2 \cdot 5/8 - 3 \cdot 3/8 = 1/8.$$

Ferner vereinbart Bob die folgende Wette mit Abel:

> *Bob wird Abel 2 Euro zahlen, wenn der 1. FCK nicht Meister wird, und wird 3 Euro von Kain erhalten, wenn er es nicht wird.*

Abel akzeptiert diese Wette, denn seine Gewinnerwartung in Euro ist

$$2 \cdot 3/4 - 3 \cdot 1/4 = 3/4.$$

Kain und Abel glauben also, dass sie eine positive Gewinnerwartung haben. Und das ist auch tatsächlich zutreffend. Aber Bob gewinnt bei dieser Sachlage mit seinen beiden Wetten ganz sicher einen Euro. Und zwar ganz egal, ob der 1. FCK nun Meister wird oder nicht. Das können Sie leicht überprüfen.

Das Interessante an Bobs Konstruktion ist ihre Verallgemeinerbarkeit: Immer dann, wenn Kain und Abel voneinander abweichende Meinungen in Form verschiedener Wahrscheinlichkeiten haben, ob der 1. FCK Meister wird, kann man zwei Wetten konstruieren, die für Kain und Abel jeweils einen positiven *Erwartungswert* des Gewinns haben und gleichzeitig dem gegen sie wettenden Bob einen *sicheren* Gewinn verschaffen.

Wieder eine von diesen Schlaumeiereien zum sicheren Geldgewinnen. Aber diese ist mathematikzertifiziert, also echt, also umso erstaunlicher.

43. Man-in-the-middle-Angriff (II)

Unverlierbare Spiele

Herrn K ist es gelungen die beiden besten Spieler der Welt zum Schach herauszufordern. Er erklärt, er werde simultan gegen beide spielen, am selben Ort zur selben Zeit, aber in getrennten Räumen. Er verkündet ferner, dass er gedenke, mindestens eine Partie zu gewinnen oder aber zwei Remis herauszuholen.

Herrn Ks scheinbar unüberwindliches Problem besteht leider darin, dass er kaum etwas vom Schach versteht. Das ist kein kleines Manko, wenn man gegen Welt- und Vize-Weltmeister antreten will. Dennoch kann er seine vollmundige Behauptung ohne Risiko einlösen.

Er begibt sich dazu in den Raum 1 zu Großmeister 1 und wartet ab, was dieser zieht. Dann begibt er sich in Raum 2 zu Großmeister 2 und zieht mit Weiß den Zug Z_1 des ersten Großmeisters. Er wartet den Antwortzug von Großmeister 2 ab, sagen wir, es ist Z_2, und begibt sich anschließend wieder zu Großmeister 1 ans Brett und zieht dort den Zug Z_2. Diese Vorgehensweise lässt sich bis zum Ende der Partien fortsetzen. Letzten Endes und genau besehen handelt es sich nur um eine einzige Partie. De facto spielen die beiden Großmeister gegeneinander. Wenn einer der beiden Großmeister gegen den anderen gewinnt, dann ist das aufgrund des genialen Splittings von einer Partie in zwei, das Herr K betrieben hat, ein Sieg und eine Niederlage für Herrn K. Oder die Partie der Großmeister endet Remis, dann kann Herr K sich gegen beide Großmeister jeweils ein Remis gutschreiben. In beiden Fällen bedeutet das die Punkteteilung. Nicht schlecht gegen die besten Spieler der Welt. Und auch die Qualität der von Herrn K gespielten Partien kann sich sehen lassen.

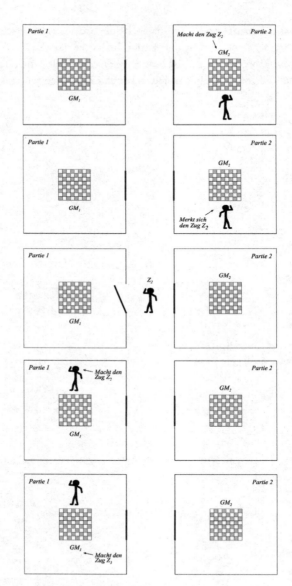

Abbildung 10: Herr K gegen zwei Großmeister

44. Zauberhaft (III)

Vorbereitung. Für diesen Trick braucht man drei Stapel mit jeweils neun zunächst unbeschriebenen Karten sowie einen Zettel, auf dem der Zauberer die Zahl 2247 vermerkt hat. Der Zettel befindet sich in einem zugeklebten Briefumschlag. Auch die drei Kartensätze müssen vorbereitet werden. Auf die neun Karten in Kartensatz 1 schreibt man je eine der Zahlen

4286 5771 9083 6518 2396 6860 2909 5546 8174.

Auf die Karten von Satz 2 schreibt man je eine der Zahlen

5792 6881 7547 3299 7187 6557 7097 5288 6548.

Auf die Karten von Satz 3 kommt je eine der Zahlen

2708 5435 6812 7343 1286 5237 6470 8234 5129.

Durchführung. Drei Zuschauer aus dem Publikum erhalten jeweils einen der drei vorbereiteten Kartensätze. Jeder der drei Zuschauer darf jeweils eine Karte aus seinem Stapel ziehen. Angenommen, bei den drei gezogenen Zahlen handelt es sich um 2396, 3299 und 6470. Jetzt bittet der Zauberer jeden der drei Zuschauer, eine beliebige Ziffer seiner Zahl vorzulesen, erst Zuschauer 1, dann Zuschauer 2, dann Zuschauer 3. Sagen wir, sie lesen die Zahlen 9, 2 und 0 vor. Der Zauberer schreibt dann die Zahl 920 auf. Er weist das Publikum darauf hin, wie zufällig und unvorhersehbar das Ganze ist. Dann lässt der Zauberer die drei Zuschauer je eine andere Ziffer ihrer gezogenen Zahl nennen und dann nochmals und nochmals. So erhält der Zauberer 4 dreistellige Zahlen. Sagen wir, es seien diese:

		Zuschauer 1	Zuschauer 2	Zuschauer 3
		9	2	0
		3	9	6
		6	3	7
		2	9	4
Summe	2	2	4	7

Wird die Summe der Zahlen gebildet, so ergibt sich 2247, die Zahl, die sich mysteriöserweise im Umschlag befindet und vom Zauberer vorhergesagt wurde.

Funktionsweise. Die Zahlen in jedem der drei Kartensätze haben eine entscheidende Eigenschaft, die aber von den Zuschauern nicht bemerkt werden dürfte. Die Zahlen eines jeden Kartensatzes besitzen dieselbe Quersumme. Diese gemeinsame Quersumme ist 20 bei den Zahlen in Satz 1, 23 in Satz 2 und 17 in Satz 3. Die Ziffern von Zuschauer 3 treten in der rechten Spalte der Addition der vier Zahlen in irgendeiner Reihenfolge auf. Bei der Addition schreibt man also 7 und überträgt 1. Mit dieser 1 erhält man dann als Summe der zweiten Spalte von hinten 24. Man schreibt also 4 und überträgt 2. Mit dieser 2 ergibt das schließlich 22 als Summe für die erste Spalte. Demnach ergibt sich 2247 als Summe, ganz egal, welche vierstelligen Zahlen die Zuschauer wählen und in welcher Reihenfolge deren Ziffern genannt werden.

45. Taxi-Numerologie

Sie sitzen auf der Terrasse vor einem Café in einer großen Stadt, z. B. in Berlin. In Berlin sind die Taxis durchnummeriert: 1, 2, ..., N = Gesamtzahl der Taxis. Sie fragen sich, wie viele Taxis N es in Berlin wohl gibt. Während Sie Ihren Cappuccino trinken, beobachten Sie den Verkehr, und wenn ein Taxi vorüberfährt, notieren Sie sich dessen Nummer. Nach einer gewissen Zeit haben sich so die Zahlen 414, 189, 102, 769, 600, 316, 941, 406, 783, 705, 87, 326, 936 ergeben. Kann man damit das unbekannte N seriös schätzen?

Eine Vorüberlegung besteht darin, N durch das Maximum der beobachteten Zahlen zu schätzen. Im Zahlenbeispiel ist *Max = 941*. Doch diese Schätzung wird wohl N zu niedrig schätzen. Denn nur wenn zufällig das Taxi mit der größten Nummer am Café vorübergefahren ist, wird N genau geschätzt, in allen anderen Fällen und deshalb auch im Durchschnitt wird N unterschätzt.

In der Regel werden aber Schätzer bevorzugt, die im Durchschnitt weder eine Tendenz zur Überschätzung noch zur Unterschätzung der zu schätzenden Größe haben. Diese heißen in der Statistik *unverfälscht*. Der Schätzer *Max* ist dies nicht. Doch er erlaubt es uns immerhin, durch eine einfache additive Korrektur unter Einbeziehung des Minimums *Min* = 87, unser N unverfälscht zu schätzen.

Die tragende Idee basiert auf der wahrscheinlichkeitstheoretischen Symmetrie von *Min* und *Max* hinsichtlich der Grenzen *1* und N des Bereiches 1, 2, ..., N, aus dem die Daten stammen. Damit ist gemeint, dass die beiden Zufallsgrößen *Min* – *1* und N – *Max* dieselben statistischen Eigenschaften haben. Wenn man zum Schätzer *Max* einfach N – *Max* addieren würde, könnte man N exakt schätzen. Das geht natürlich nicht. Denn N – *Max* ist unbekannt. Doch N – *Max*, der Abstand der größten Beobachtung zur rechten Grenze N, hat aus Symmetriegründen denselben erwarteten Wert wie *Min* – *1*, der Abstand der kleinsten Beobachtung zur linken Grenze. Schätzt man also das nicht beobachtbare N – *Max* durch das beobachtbare *Min* – *1*, so gelangt man zum verbesserten Schätzer

$S = Max + Min - 1$

Man kann mathematisch beweisen, dass es noch besser geht. Der in vieler Hinsicht optimale Schätzer der gesamten Daten ist lediglich von deren Maximum *Max* abhängig und konkret gegeben durch die Funktion

$$T = \frac{Max^{n+1} - (Max - 1)^{n+1}}{Max^n - (Max - 1)^n}$$

Wenden wir die Schätzer S und T auf unser konkretes Beispiel an, so ergibt sich $S = 1027$ und $T = 1013$. Beides keine schlechten Ergebnisse, wenn man die Spärlichkeit der Information bedenkt und ich Ihnen mitteile, dass die oben gegebenen 13 Zahlenwerte mit einem Zufallsgenerator aus der Zahlenmenge {1, 2, ..., 1000} bestimmt wurden, der wahre Wert also $N = 1000$ war.

46. Zauberhaft (IV)

Der Kruskal-Count

Man nehme einen Kartenstapel bestehend aus den 20 Karten Ass (zählt 1), 2, 3, 4, 5 von jeder der vier Farben Kreuz, Pik, Herz, Karo. Die Karten werden gemischt. Man wähle eine Zahl n von 1 bis 5 aus.

Man wiederhole folgenden Vorgang: Vom Kartenstapel zähle man von oben n Karten ab. Landet man bei einer Karte mit Wert m, zählt man als Nächstes m Karten ab und so geht es weiter, bis das Deck zu Ende ist. Die letzte Karte, bei der man landet, merkt man sich. Wir nennen sie *Schlusskarte*.

Das Faszinierende daran ist: Obwohl alles völlig zufällig erscheint, angefangen mit der zufälligen Wahl der Anfangszahl, landet man am Ende mit großer Wahrscheinlichkeit immer bei ein und derselben Schlusskarte. Befinden sich die Karten zum Beispiel in der Reihenfolge

Ass 5 2 3 3 2 Ass 3 5 3 4 5 2 5 4 Ass Ass 4 **4** 2,

so ist hier die Schlusskarte die vorletzte 4.

Darauf kann man einen schönen und fast selbst ausführenden Zaubertrick aufbauen. Es ist der ideale Trick für faule Zauberer.

Durchführung. Ein Zauberer bittet einen Zuschauer, eine beliebige, geheime Zahl aus der Menge 1, 2, 3, 4, 5 zu wählen, dann den obigen Abzählvorgang im Kopf durchzuführen und sich die

Schlusskarte zu merken. Der Zauberer errät dann diese Karte. Dazu braucht er gar nicht viel zu machen. So wie der Zuschauer muss er anfangs nur selbst eine Zahl von 1 bis 5 wählen und im Kopf das obige Abzählschema durchführen, wenn der Zuschauer die Karten der Reihe nach abzählt. Mit großer Wahrscheinlichkeit wird er dann bei derselben Schlusskarte landen wie der Zuschauer und kann diese Karte benennen.

Funktionsweise. Obwohl alles ziemlich zufällig erscheint, verhält es sich so, dass viele mit dem Abzählschema erzeugte Pfade über die Karten des Kartendecks konvergieren. In der Tat: Treffen zwei Pfade irgendwann einmal auf dieselbe Karte, verlaufen sie von da an identisch weiter. Das ist aber früher oder später bei fast allen Pfaden beginnend mit einer gedachten Zahl n der Fall.

Dieser Kartentrick wurde vom amerikanischen Mathematiker Martin Kruskal erfunden. Die Art des Abzählens heißt seither Kruskal-Zählung.

47. Apps für alle (II)

Mathematik des Korrekturlesens

Angenommen, ein Korrektor liest ein Buchmanuskript und findet 50 Fehler. Handelt es sich um einen unfehlbaren Korrektor, dann hat das Manuskript 50 Fehler; aber es könnte auch ein sehr fehlbarer Korrektor sein, der nur einen geringen Teil der Fehler gefunden hat. Wenn das Manuskript von nur einem Korrektor gelesen wird, dann weiß man es nicht.

Anders ist es, wenn unabhängig vom ersten Korrektor noch ein zweiter Korrektor das Manuskript liest. Dann kann man die Anzahl der Fehler im Manuskript abschätzen, ohne etwas über die Qualität der Korrektoren zu wissen. Auf einer Serviette erklärt, geht das so: Nehmen wir an, der erste Korrektor findet f_1 Fehler, der zweite Korrektor findet f_2 Fehler und darunter sind

f Fehler, die von beiden Korrektoren gefunden wurden. Um daraus eine Schätzung für die unbekannte Zahl n der Fehler im Manuskript abzuleiten, nehmen wir hilfsweise an, der erste Korrektor habe eine Wahrscheinlichkeit p_1, einen gegebenen Fehler zu finden, und p_2 sei die entsprechende Wahrscheinlichkeit für den zweiten Korrektor. Unter der Annahme, dass die Korrektoren unabhängig voneinander einen jeden Fehler finden oder nicht finden, kann man erwarten, dass der erste Korrektor $n \cdot p_1$ Fehler findet, der zweite Korrektor $n \cdot p_2$ Fehler findet und $n \cdot p_1 \cdot p_2$ gemeinsame Fehler gefunden werden. Setzt man diese erwarteten Fehlerzahlen gleich den tatsächlich gefundenen Werten f_1, f_2 und f, dann ist

$$\frac{f_1 \cdot f_2}{f}$$

im Mittel gleich

$$\frac{n^2 \cdot p_1 \cdot p_2}{n \cdot p_1 \cdot p_2} = n.$$

Damit kürzen sich die ohnehin unbekannten Erfolgswahrscheinlichkeiten p_1 und p_2 glücklicherweise heraus und es verbleibt der Quotient

$$\frac{f_1 \cdot f_2}{f}$$

als Schätzer für die unbekannte Zahl n der Fehler im Manuskript.

Das bedeutet, die hilfsweise getroffene Annahme ist überflüssig. Der ermittelte Schätzer funktioniert unabhängig von den Fähigkeiten der Korrektoren. Findet der erste Korrektor also 52 Fehler, der zweite 78 Fehler und sind darunter nur 24 gemeinsame Fehler, dann ist der Schätzer für die Gesamtfehlerzahl $52 \cdot 78/24 = 169$. Bei 39 gemeinsamen Fehlern wäre $n = 104$ der entsprechende Schätzwert.

> **Erster Hauptsatz des Korrekturlesens**
>
> Je mehr Fehler man findet, desto mehr Fehler findet man nicht.

48. Zauberhaft (V)

Durchführung & Funktionsweise. Der Zauberer legt 20 Karten in 10 beliebigen Paaren auf den Tisch und bittet einen Zuschauer, sich beide Karten irgendeines Paares genau zu merken. Der Zauberer behauptet nun, er habe sich alle Paare gemerkt und werde zudem das vom Zuschauer gewählte Paar erraten.

Der Zauberer sammelt die Paare ein, wobei er darauf achtet, dass sie genau zusammenbleiben. Anschließend legt er die Karten in 4 Reihen mit je 5 Karten offen auf dem Tisch aus, und zwar in der Art und Weise, dass jede Karte einen Buchstaben auf dem Raster der folgenden vier lateinischen Wörter darstellt, und so, dass beide Karten eines Kartenpaares demselben Buchstaben zugeordnet sind:

```
M  U  T  U  S
N  O  M  E  N
D  E  D  I  T
C  O  C  I  S
```

Diese vier Worte behält der Zauberer natürlich für sich.

Die ersten beiden Karten des Kartenstapels stellen demnach ein M dar. Sie werden also an den Anfang der ersten und in die Mitte der zweiten Reihe des Rasters gelegt. Die nächsten beiden Karten stellen den Buchstaben U dar und werden in die erste Reihe an Position 2 und 4 gelegt usw. Man kann dies als Zauberer schnell ausführen, wenn man sich die vier Worte auf den Tisch geschrieben vorstellt.

Sind alle 20 Karten ausgelegt, fragt der Zauberer den Zuschauer, in welchen Reihen die Karten seines Paares liegen. Liegen sie etwa beide in der ersten Reihe, so können es nur die beiden auf dem vorgestellten U liegenden Karten sein. Liegt eine in der zweiten und eine in der dritten Reihe, können es nur die bei E liegenden Karten sein. Für jede Möglichkeit – zwei verschiedene oder zwei gleiche Reihen – sind die Karten des Paares eindeutig identifizierbar.

Hinweis. Den Trick sollte man als Zauberer am besten nur einmal vorführen. Oder aber die obigen vier Worte durch andere ersetzen, z. B. durch den ebenfalls leicht zu merkenden Spruch:

```
B   O   S   K   O
B   I   A   T   I
K   E   N   N   T
A   L   L   E   S
```

damit die Reihenfolge des Auslegens der Karten beim zweiten Mal eine andere ist. Alternativ kann man den Trick auch mit 15 Kartenpaaren ausführen, die man in 5 Reihen à 6 Karten nach dem dann erheblich komplizierteren Schema der Buchstaben-Matrix

```
A   A   B   C   D   E
B   F   F   G   H   I
C   G   Z   Z   K   L
D   H   K   M   M   O
E   I   L   O   P   P
```

auslegt. Auch so funktioniert der Trick. Denn es gibt 10 Möglichkeiten, aus 5 Zeilen zwei auszuwählen, und weitere 5 Möglichkeiten, zwei Karten in einer einzigen Reihe zu platzieren. Das sind 15 Permutationen, wie es sein muss. In dieser Variante des Tricks ist aber das Buchstabenschema viel schwerer zu memorieren.

49. Fermats letzter Satz und Wolfskehls letzter Wille

Pierre de Fermat (ca. 1607–1665) ist der vielleicht berühmteste Hobby-Mathematiker aller Zeiten. Eigentlich Jurist nach Ausbildung und Berufsausübung, beschäftigte er sich in seiner Freizeit ausgiebig mit Mathematik. Fermat hatte irgendwann sinngemäß an den Rand eines Buches geschrieben, dass es keine natürlichen Zahlen x, y, z, gebe, die für $n > 2$ die Gleichung

$$x^n + y^n = z^n$$

lösen. Er habe einen wunderbaren Beweis gefunden, der Rand des Buches sei aber zu schmal, ihn zu fassen.

In der Folge versuchten sich viele Profi- und Amateurmathematiker daran, diesen Beweis zu führen. Allesamt erst einmal vergeblich. Dazu gehörte auch Paul Wolfskehl, dem die Beschäftigung mit dem Problem in einer dunklen Stunde, als er sogar an Selbstmord dachte, neuen Lebensmut gab und so das Leben rettete. Als er dann später eines natürlichen Todes starb, konnte seine Familie bestürzt feststellen, dass er testamentarisch den nicht geringen Preis von 100 000 Mark für den ersten erfolgreichen Beweis der Fermatschen Vermutung ausgesetzt hatte. Das Geld ging der Königlichen Gesellschaft in Göttingen zu, die es verwaltete und auch darüber entscheiden konnte, wem der Preis zuerkannt werden sollte.

Das Bekanntwerden des Testaments führte dazu, dass man in Göttingen mit einer ganzen Flut von vermeintlichen Beweisen zu kämpfen hatte, die nach und nach aus fast allen Teilen der Welt von Hobbymathematikern eingeschickt wurden. Am dortigen Mathematik-Institut lagern rund drei Regalmeter allein von Korrespondenz über eingeschickte Bestätigungs- oder Widerlegungsversuche zum Fermat-Problem. Verantwortlich für die Bearbeitung der Einsendungen war in den 1970er Jahren Dr. F. Schichting. Lassen wir ihn direkt zu Wort kommen:[17]

«Monatlich sind etwa drei bis vier Briefe zu beantworten, und darunter ist eine Menge komisches Zeug. Einer hat z. B. die erste

Hälfte seiner Lösung eingeschickt und die zweite Hälfte versprochen, falls wir ihm 1000 DM im voraus zahlen würden. Ein anderer hat mir ein Prozent seiner Gewinne aus Veröffentlichungen und Radio- und Fernsehinterviews angeboten, wenn er berühmt sein würde, ich müsste ihn jetzt nur unterstützen; falls nicht, drohe er damit, die Lösung an einen mathematischen Fachbereich in Russland zu schicken und uns den Ruhm vorzuenthalten, ihn entdeckt zu haben. (...) Einige Manuskripte habe ich Ärzten übergeben, die schwere Schizophrenien festgestellt haben.»

Die seriös erscheinenden Beweise mussten natürlich auch irgendwie geprüft werden. Der Mathematiker Edmund Landau ließ einige Hundert Karten mit folgender Aufschrift drucken:

«Sehr geehrte/r ..., ich danke Ihnen für Ihr Manuskript zum Beweis der Fermatschen Vermutung. Der erste Fehler findet sich auf Seite ... Zeile ... Ihr Beweis ist daher wertlos.

Gez. Professor E. M. Landau»

Bei jeder Einsendung übergab er das Manuskript zusammen mit einer solchen Karte einem seiner Studenten, der den Auftrag erhielt, die Karte auszufüllen und abzuschicken.

Ein anderer Professor schrieb den jeweiligen Einsendern stets zurück, er sei nicht kompetent, den Beweis zu beurteilen, könne ihm jedoch den Namen und die Adresse eines Experten geben, der dazu in der Lage sei. Dann folgte die Anschrift des letzten Einsenders eines «Beweises».

Ein anderer Mathematik-Professor schrieb den Einsendern zurück: «Ich habe eine wunderbare Widerlegung Ihres Beweisversuches. Doch ist diese Seite nicht groß genug, ihn zu fassen.»

In den 1990er Jahren hat dann der britische Mathematiker Andrew Wiles in monumentaler, mehr als siebenjähriger Anstrengung die Fermatsche Vermutung bewiesen. Seitdem konzentrieren sich die meist dada-mathematischen Exzentriker darauf,

Fehler im Beweis von Wiles zu suchen, die dann auch wieder größtenteils in Göttingen landen.

50. Die sicherste Art der Fortbewegung

Welche Art der Fortbewegung ist am sichersten? Das ist eine bewegende Frage. Bei jeder Art des Reisens können Menschen zu Tode kommen. Doch je nach Art des Unterwegsseins sind es unterschiedlich viele: Daten aus Lopez-Real (1988) und Hesse (2009) ergeben in nüchternen Zahlen dieses Bild:

Zu-Fuß-Gehen: 0,3 Tote auf 100 Millionen Passagier-Kilometer
Autofahren: 0,9 Tote auf 100 Millionen Passagier-Kilometer
Bahnfahren: 0,09 Tote auf 100 Millionen Passagier-Kilometer
Fliegen: 0,03 Tote auf 100 Millionen Passagier-Kilometer

In dieser Sichtweise ist Fliegen 3-mal sicherer als Bahnfahren und 30-mal sicherer als Autofahren und 10-mal sicherer als Zu-Fuß-Gehen im Straßenverkehr. Wenn Sie diese Sichtweise akzeptieren und für Sie bei Wahl eines Transportmittels die zurückgelegte *Distanz* in der Unfallstatistik relevant ist, dann gibt Ihnen diese Statistik seriöse Vergleichszahlen an die Hand.

Doch Reisen sind raum-zeitliche Angelegenheiten. Wenn für Sie eher der Faktor Zeit bei einem Transportmittel entscheidend ist, werden Sie es vorziehen, die Daten auf Personen-Stunden umzurechnen. Geht man beim Zu-Fuß-Gehen von einer durchschnittlichen Geschwindigkeit von 5 km/h aus, beim Autofahren und beim Schienenverkehr von 80 km/h sowie beim Fliegen von 800 km/h, so ergeben sich die folgenden Werte:

Zu-Fuß-Gehen: 0,3 Tote pro 1 Million Personen-Stunden
Autofahren: 0,7 Tote pro 1 Million Personen-Stunden
Bahnfahren: 0,07 Tote pro 1 Million Personen-Stunden
Fliegen: 0,24 Tote pro 1 Million Personen-Stunden

In dieser Sicht erweist sich Bahnfahren als sicherstes Fortbewegungsmittel, und ob dieser Mitteilung wird der Bahnchef strahlen, als wäre er zwei Sonnensysteme. Autofahren rutscht auf den letzten Platz. Fliegen ist aufs Ganze gesehen in etwa so riskant wie Zu-Fuß-Gehen im Straßenverkehr. Überraschend.

51. Zahlen lügen nicht, oder? (I)[18]

Ein Boulevardblatt berichtet: «Ausländer häufiger kriminell als Deutsche». Eine seriöse Zeitung schreibt: «Ausländische Mitbürger seltener straffällig als Deutsche.» Kann es sein, dass beide Zeitungen ihre konträren Schlüsse aus denselben Daten gezogen haben?

Ja!

Angenommen, die Journalisten beider Blätter stützen sich auf eine Statistik über eine Stadt mit 200 000 deutschen Einwohnern und 10 000 ausländischen Einwohnern.

Wir kürzen ab wie folgt:

E(inwohner), D(eutsch), A(usländer), M(änner), F(rauen), s(traffällig).

In der folgenden Aufstellung sind die Daten nach Nationalität und Geschlecht aufgeschlüsselt:

	D	A
F	100 000	1000
s	400 (0,4 %)	3 (0,3 %)

Tabelle 5: Straffälligkeit bei Frauen nach Nationalität aufgeschlüsselt (fiktive Daten)

	D	A
M	100 000	9000
s	4000 (4%)	270 (3%)

Tabelle 6: Straffälligkeit bei Männern nach Nationalität aufgeschlüsselt (fiktive Daten)

Die beiden Tabellen weisen aus, dass sowohl unter den Frauen als auch unter den Männern der Prozentsatz der straffällig gewordenen Ausländer niedriger ist als der entsprechende Prozentsatz bei den Deutschen. Damit scheint die Sache geklärt.

Ein Journalist aggregiert nun diese beiden Tabellen zwecks leichter Zugänglichkeit der Information. Und ganz kurioserweise stellt sich anschließend die scheinbar zwingende Schlussfolgerung ein, dass der Anteil derer, die straffällig geworden sind, bei den Ausländern insgesamt höher ist als bei den Deutschen, wie die folgende, durch einfache zellenweise Addition aller obigen Daten entstandene Tabelle offenbar belegt.

	D	A
E	200 000	10 000
s	4400 (2,2%)	273 (2,7%)

Tabelle 7: Straffälligkeit bei Einwohnern nach Nationalität aufgeschlüsselt (fiktive Daten)

Die Meldung der Boulevardzeitung und der seriösen Zeitung sind also das Ergebnis unterschiedlich differenzierter Sichtweisen der Problematik. Datenaggregierung kann Ergebnisse verfälschen. Und genau das ist hier geschehen.

In diesem Beispiel geben die nach Geschlecht aufgefächerten Daten den Zusammenhang zur Straffälligkeit angemessen wieder.

Abbildung 11: «Also, wenn es falsch ist, dann beweist dies, dass Zahlen doch lügen.» Cartoon von Roy Delgado

52. Zahlen lügen nicht, oder? (II)

In einem weiteren hypothetischen Beispiel, das als vollständiger Kontrapunkt zum gerade Gesagten gesetzt ist, wollen wir nun untersuchen, ob Frauen bei der Jobsuche in einem Berufsfeld benachteiligt werden. Die Analyse werde für große (größer als 1,75 m) und kleine (höchstens 1,75 m große) Personen getrennt durchgeführt. Unsere Daten sind also diesmal nach Körpergröße aufgeschlüsselt. Um konkreter zu werden: Es seien 90 % der Männer größer als 1,75 m und 90 % der Frauen höchstens 1,75 m groß. Darüber hinaus seien Erfolg und Misserfolg bei der Jobsuche wie hier tabellarisch festgehalten:

	Kleine Menschen		Große Menschen		Gesamt	
	Männer	Frauen	Männer	Frauen	Männer	Frauen
Job	20	360	540	80	560	440
kein Job	80	540	360	20	440	560
Relative Häufigkeit für Erfolg	0,2	0,4	0,6	0,8	0,56	0,44

Tabelle 8: Erfolg bei der Jobsuche, aufgeschlüsselt nach Geschlecht und Größe (fiktive Daten)

Die Tabelle ist so zu lesen: Unter den 100 kleinen Männern der Grundgesamtheit waren 20 bei der Jobsuche erfolgreich und 80 waren es nicht. Insofern liegt die relative Erfolgsquote in dieser Gruppe bei 0,2 oder 20 Prozent.

Aus vergleichender Inspektion der entsprechenden Tabelleneinträge kann man den Schluss ziehen, dass Frauen gesamtheitlich betrachtet benachteiligt werden. Ihre Einstellungsquote beträgt nur 0,44 gegenüber einem Wert von 0,56 bei den Männern. Aber bei höher auflösender Sichtweise wird erkennbar, dass die Einstellungsquoten sowohl bei kleinen als auch bei großen Frauen größer sind als bei den Männern gleicher Größenklasse.

Der schon im vorausgehenden Beispiel aufgetretene Effekt der Umkehrung der Ergebnisse zwischen einer Gesamtschau der Daten und deren Staffelung nach einer weiteren Variablen hat sich also auch hier eingestellt. Er entsteht im vorliegenden Szenario insofern, als die Kleinen generell schlechtere Einstellungschancen haben als die Großen. Das unbekannte Einstellungskriterium, welches sich ganz offenkundig zum Vorteil großer Menschen auswirkt, benachteiligt Frauen einfach deshalb stärker, da sie in unserer fiktiven Beispiel-Welt nun einmal überwiegend klein sind. Wären sie überwiegend groß, wäre der Befund ein anderer.

Im hier vorliegenden Fall ist es angemessen, die zu ziehenden Schlüsse auf der Grundlage der aggregierten und nicht der aufgegliederten Zahlen vorzunehmen, da an der Verknüpfung der beiden Merkmale «Frau» und «eher klein» nichts geändert werden kann.[19]

Es ist also von Kontext zu Kontext zu entscheiden, ob eine Ergebnisanalyse auf der Basis aufgeschlüsselter oder zusammengefasster Daten vorgenommen werden muss. Das hängt von der untersuchten Fragestellung ab. Im Einzelfall kann die Entscheidung für das eine oder für das andere sehr subtil und kompliziert sein.

> **Ge- und Ver-Schätzt**
>
> Zu schätzen sei die Dicke eines Stücks Papier, das 100 Mal auf sich selbst gefaltet wird. Die meisten Menschen meinen, es seien nicht mehr als ein paar Meter.
>
> Die richtige Antwort lautet: 800 Trillionen Mal der mittlere Abstand zwischen Erde und Sonne.

53. Urban Legends

Die Geschichte von der selbstkonzipierten Schlussklausur

Als ich an der Harvard University studierte, erzählte man sich dort die folgende Geschichte: Es gab einmal einen Mathematik-Professor, der als Schlussklausur für seine Vorlesung folgendes Problem stellte:

> *«Konzipieren Sie eine geeignete Schlussklausur für diese Vorlesung und beantworten Sie sie. Beide Teile werden bewertet.»*

Ein Student bearbeitete die gestellte Aufgabe wie folgt:

Die Schlussklausur ist:

> *«Konzipieren Sie eine geeignete Schlussklausur für diese Vorlesung und beantworten Sie sie. Beide Teile werden bewertet.»*

Die Beantwortung der gestellten Aufgabe ist diese:

> *«Konzipieren Sie eine geeignete Schlussklausur für diese Vorlesung und beantworten Sie sie. Beide Teile werden bewertet.»*

Eine Begründung lieferte der Student auch noch mit: Wenn das die beste Schlussklausur war, die der Professor stellen konnte, dann sollte sie sicherlich auch gut genug für einen Studenten sein, der eine Schlussklausur stellen und bearbeiten soll.

Übrigens: Der Student erhielt die Bestnote.
Und der Professor stellte diese Aufgabe nie wieder.

54. Amida-kuji

Zen in der Kunst der Preisverleihung. Amida-kuji ist ein japanisches Wort. Es bedeutet so viel wie «Leiter-Klettern» und ist eine traditionelle Art von Lotterie. Populär sind diese Lotterien in Asien; sie werden dort benutzt, um Auslosungen oder Zuteilungen per Zufallsentscheid vorzunehmen. Das Grundprinzip ist ganz einfach. Wir geben ein Beispiel.

Ein schöner Preis soll unter fünf Kandidaten verlost werden. Einer der fünf gewinnt ein Auto, die anderen vier müssen sich mit einer Ziege begnügen. Man zeichnet ein Strichmuster mit genau so vielen vertikalen Linien, wie es Kandidaten gibt, also fünf, und beschriftet diese mit den Namen der Kandidaten. Die zu verlosenden Preise werden in irgendeiner Reihenfolge am anderen Ende der Linien vermerkt.

Nun werden ganz beliebig horizontale Verbindungen, *Beine* genannt, eingezeichnet, um zwischen je zwei benachbarten vertikalen Linien eine Brücke zu bilden. Keine zwei dieser Beine dürfen sich berühren. Um die Sache interessant zu gestalten, sollte zwischen je zwei benachbarten Linien mindestens eine horizontale Verbindung bestehen.

Ein jeder Spieler erhält seinen Preis zugewiesen, indem man oben beginnt, die ihm zugeordnete vertikale Linie gedanklich herunterzufahren, bis das erste Bein erreicht wird. Dann folgt man diesem Bein bis zur vertikalen Linie nebenan. Anschließend marschiert man abwärts auf dieser Linie bis zum nächsten Bein und folgt ihm. Dieser Vorgang setzt sich fort, bis das Ende einer vertikalen Linie erreicht ist, wo ein Preis wartet. Es ist der Preis, den die Strichlinien-Lotterie dem jeweiligen Spieler zugeteilt hat.

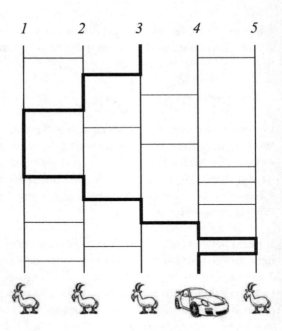

Abbildung 12:
Ein Amida-kuji
mit der Linie,
die von Spieler 3
zum Auto als
Gewinn führt.

Man kann die Lotterie in der Praxis so durchführen, dass ein Spieler die horizontalen Linien hinzufügt und die Preise am Ende der Linien anordnet, das Innere aber verdeckt hält und dann die Mitspieler jeweils eine vertikale Linie wählen lässt. Oder man verdeckt nur die Preise, lässt die Spieler jeweils eine vertikale Linie wählen und ganz beliebig reihum eine gewisse Anzahl von Beinen hinzufügen.

Man mag sich natürlich fragen, ob auf diese Weise immer jeder der Spieler einen anderen Preis bekommt, und zwar ganz egal, wie viele Beine an welcher Stelle hinzugefügt worden sind.

Die Antwort ist ein klares Ja. Und man kann sie sich etwa so plausibel machen: Angenommen, wir stellen die Preise am Ende der Linien eines Amida-kuji durch bunte Becher dar. Dann kann die Wirkung eines jeden Beins als Vertauschung der zugehörigen benachbarten Becher aufgefasst werden. Nun ist augenfällig, dass schließlich, wenn alle Beine abgearbeitet sind, immer noch genau so viele Becher am Ende der Linien stehen wie zu Beginn, aber jetzt in der Regel in anderer Anordnung, die abhängig von der Lage der Beine ist.

Dies kann mathematisch auch so ausgedrückt werden: Ein Amida-kuji bewerkstelligt eine Permutation als Zuordnung der Becher zu den Spielern. Somit erhält jeder Spieler einen Preis und je zwei verschiedene Spieler erhalten je zwei verschiedene Preise.

Einige weitere, mathematisch weniger offensichtliche Eigenschaften von Amida-kujis seien abschließend auch noch erwähnt:

- Wird ein und dasselbe Amida-kuji wiederholt durchlaufen, so stellt sich nach einer gewissen Anzahl von Durchläufen die ursprüngliche Anordnung der Input-Objekte wieder her: Es ergibt sich die Permutation, die nichts ändert, was graphisch einem Amida-kuji ohne jegliche Beine entspricht.
- Jede beliebige Permutation kann durch ein Amida-kuji dargestellt werden, aber eine gegebene Permutation entspricht umgekehrt nicht genau einem Amida-kuji. Im Gegenteil, es gibt jeweils sogar unendlich viele Amida-kujis, die dieselbe Permutation repräsentieren.

55. Strong but Wrong

Faustregeln sind nützliche kognitive Vergröberungen für unsere Auseinandersetzung mit einer komplexen Umwelt. Faustregeln sind zwar in der Regel bewährt, doch bisweilen auch verkehrt. Verkehrte Faustregeln des Alltags sind die Folgenden:

– Um ein weich gekochtes Ei zu erhalten, muss man es drei Minuten kochen lassen.

Falsch. Man muss es 5 Minuten kochen. Das sprichwörtliche 3-Minuten-Ei ist eigentlich ein 5-Minuten-Ei.

– Ein 21-Gang-Fahrrad hat 21 Gänge.

Falsch. Die einzelnen Gänge werden über Zahnräder vermittelt. Am Hinterrad nennt man sie Ritzel, am Tretlager Kettenblätter. Der sogenannte Umwerfer organisiert den Kettenblattwechsel, das Schaltwerk den Wechsel der Ritzel. Ein verbreitetes Schaltungsmodell besteht aus 7 Ritzeln und 3 Kettenblättern. Damit können 7 · 3 = 21 Kombinationen realisiert werden. Und wir haben ein 21-Gang-Fahrrad. Es ist möglich, die Übersetzungsverhältnisse am Fahrrad mathematisch als Brüche darzustellen. Dann kann man sehen, dass sich für verschiedene Gänge gleiche oder annähernd gleiche Bruchzahlen und somit gleiche Übersetzungen ergeben. Dies bedeutet, dass die echte Anzahl der Gänge eines 21-Gang-Fahrrades kleiner als 21 ist. Sie liegt in der Regel bei 12 bis 14.

Wie oft ist *einmalig*?

Ein 21-Gang-Fahrrad hat zwar nicht 21 Gänge, aber manche Dinge ändern sich nie:

«Eine einmalige Zahlung wird für jeden Berechtigten nur einmal gewährt.»

Aus: *Gesetz über die Anpassung von Versorgungsbezügen*

Grenzen der Teilbarkeit

«Besteht ein Personalrat aus einer Person, erübrigt sich die Trennung nach Geschlechtern.»

Aus: *Informationsschrift des Deutschen Lehrerverbandes Hessen*, 1992

Abbildung 13: «Auf meine alten Tage ist tröstlich zu wissen, dass die früheren Wahrheiten immer noch Bestand haben.» Cartoon von Sidney Harris

– Bei einer US-Präsidentschaftswahl gewinnt immer der Körpergrößere der Kandidaten.

Falsch. Größe hat zwar einen signifikanten Effekt im Medienzeitalter, aber von den 49 Präsidentschaftswahlen, bei denen die Größen der Kandidaten bekannt sind, gewann der Größere nicht immer. Aber doch mehrheitlich. Der Größere gewann in 26 Fällen (53 %), der Kleinere gewann in 19 Fällen (39 %) und in 4 Fällen waren Gewinner und größter Gegenkandidat gleich groß.

– Der gefoulte Spieler soll den Elfmeter nicht selber ausführen, da er viel schlechtere Chancen hat, ihn zu verwandeln.

Falsch. Im Jahre 2005 haben Wissenschaftler der Universität Halle-Wittenberg alle 835 Foulelfmeter der Bundesliga von August 1993 bis Februar 2005 ausgewertet. Davon wurden 102 vom gefoulten Spieler selbst geschossen. Die Erfolgsquote der Gefoulten lag bei 73 %, die Erfolgsquote der nicht gefoulten Spieler lag bei 75 %. Diese kleine Differenz liegt jedoch im Rahmen von zufälligen Schwankungen und deutet nicht auf einen realen Effekt, also nicht auf einen Unterschied zwischen beiden Gruppen, hin.

56. Plädoyer für die Einführung der 137-Cent-Münze

Im Euro-Europa sind die Münz-Denominationen 1, 2, 5, 10, 20 und 50 Cent sowie 1- und 2-Euro-Münzen in Gebrauch. Vielleicht muss man Mathematiker sein, um sich die Frage zu stellen, welches geeignete Denominationen wären, um den Handhabungsaufwand mit Wechselgeld zu reduzieren.
    Der kanadische Mathematiker Jeffrey Shallit von der Universität Waterloo hat sich jedenfalls ernsthaft mit der Frage auseinandergesetzt, mit welchen Münzwerten die Anzahl der bei Herausgabe auf Papiergeld benötigten Münzen am effektivsten reduziert

werden könnte. Unter der Annahme, dass sich die Nachkommastellen der zu zahlenden Beträge gleichmäßig auf die Werte von 0 bis 99 Cent verteilen, hat Shallit ermittelt, dass gegenwärtig bei Zahlungen das Wechselgeld pro Zahlvorgang durchschnittlich aus 4,60 Münzen besteht, wenn bei der Rückgabe die kleinstmögliche Anzahl von Münzen gegeben wird.

Shallit bleibt aber keineswegs an dieser Stelle schon stehen.

Sondern denkt sich eine neue Münze aus: Die Einführung einer 137-Eurocent-Münze würde obigen Mittelwert – bliebe alles andere gleich – auf 3,92 Münzen reduzieren, was eine Senkung von Zeit und Kosten mit sich brächte. Das ist immerhin ein origineller neuartiger Ansatz für eine Eindämmung der Münzflut in den Geldbörsen dieser Welt, wie er nur von einem unerschrockenen Mathe-Macher kommen kann.

Jeffrey Shallit at his best. Wichtiger noch wird damit im Tiefschürfungsbereich des Mathematischen eine ganz neue Kunstform geschaffen. Mit dieser Innovation hat Shallit das Komische als Genre in die Mathematik eingeführt. Wer bisher als Mathematiker Satire und Comedy wollte, musste außer Haus gehen. Nicht mehr! Kunter, bunter und munterer als gedacht können mathematische Beiträge zum menschlichen Zusammenleben sein und Erdenschwere konstruktiv verdrängen.

Shallit gibt freilich schmunzelnd zu, dass mit dieser zusätzlichen Denomination Wechselvorgänge komplizierter würden: Nicht nur für mathematisch Unkonsolidierte würde es dann schwieriger, die beste Art, Wechselgeld zu geben, im Kopf zu taxieren.

Übrigens, und das sei mein Beitrag zum neuen Genre: Noch wirksamer und gleichzeitig radikaler wäre ein binäres System mit einer Stückelung von 1-, 2-, 4-, 8-, 16-, 32-, 64-, 128-Cent-Münzen. Doch auch dies würde bei Zahlvorgängen viele Menschen überfordern.

Glückliches Finnland. Einen bequemen und gleichzeitig innovativen Weg, der mir besonders gut gefällt, ging man dagegen schon in Finnland. Rechnungen werden kaufmännisch auf Vielfache von 5-Cent-Beträgen gerundet. Als Hauptwirkung dieser einfachen Rundung sind in Finnland so gut wie keine 1- und 2-Cent-Münzen mehr im Umlauf und können deshalb die Geldbörsen auch nicht mehr so stark wie bei uns belasten. Als interessante Nebenwirkung sind diese Münzen zu gesuchten Sammlerobjekten avanciert, mit numismatischen Werten, die um ein Mehrfaches höher sind als der Nennwert der Prägung.[20]

Geldmangelerscheinungen

Nicht sonderlich gut lief das Geschäft Wally Burgers, eines englischen Juweliers. Nach langen Nächten des Überlegens glaubte er, den richtigen Reklame-Gag für seine Landsleute gefunden zu haben: Er bot eine 1-Pfund-Note im Wert von ca. 2,40 Euro für nur 80 Pence (2,10 Euro) zum Verkauf an. Eine Woche lang sollte diese Aktion laufen. Sie entpuppte sich als totaler Fehlschlag, denn der erwartete Massenandrang blieb aus. Nur ganze drei Kunden ließen sich auf den günstigen Tauschhandel ein, alle drei aber höchst misstrauisch. Das Schlimmste: Einer verlangte sogar eine Quittung.

Nach Alexander Tropf: *Niederlagen, die das Leben selber schrieb*

Das erinnert mich an folgende Anzeige in der *Starnberger Woche* vom 2. 12. 1985, als die D-Mark noch in Amt und Würden war:

Kaufe 1000-DM-Scheine! Zahle bis 10 Prozent unter Neupreis. Chiffre ...

Ob es bei dieser Chiffre einen Massenandrang von Verkaufswilligen gab, ist nicht überliefert. ⏩

Abbildung 14: Auch ein Sonderangebot: Begehbare Küche: Jetzt 259,99 $. Ehemals 249,99 $. Sie sparen −10 $.

Weshalb auch nicht? Es gibt ein Minuswachstum und eine Minustilgung. Warum nicht auch eine Minussenkung des Preises als Sonderangebot. Es könnte der Beginn einer ganz neuen ökonomischen Dialektik sein.

57. Bedeutende Mathematikerinnen (II)

d. Maria Gaetana Agnesi (1718–1799)
Tochter eines Mathematikers und ältestes von 21 Kindern. Galt als Wunderkind, konnte mit elf Jahren in sieben Sprachen Unterhaltungen führen. Ihre Familie war mit führenden Intellektuellen ihrer Zeit in Kontakt, viele kamen, um Maria über mathematische und philosophische Probleme sprechen zu hören. Publizierte 1738 eine Schriftensammlung über Logik und Newtons Gravitationstheorie. Ihr Hauptwerk *Grundlagen der Analysis* erschien 1748. Im selben Jahr wurde sie in die Akademie der Wissenschaften von Bologna aufgenommen und durch Papst Benedikt IX. zur Professorin an der dortigen Universität ernannt. Sie hielt die Vorlesungen ihres Vaters, der ebenfalls Professor in Bologna war, und behandelte auch Probleme der Anwendung der Algebra auf die Geometrie. Nach ihr ist die Agnesische Kurve benannt. Sie zog sich dauerhaft von der Mathematik zurück, als

der Vater starb, und widmete sich später als Nonne ganz den Armen der Stadt.

e. Anna Barbara Reinhardt (1730–1796)

Mathematikerin aus dem Schweizerischen Winterthur. Sie fiel als Kind vom Pferd, erholte sich zeitlebens nicht ganz von den Folgen dieses Unfalls. Sie war befreundet mit und wurde sehr geschätzt von Johann und Daniel Bernoulli. Sie verbesserte Maupertuis' Lösung des sogenannten Verfolgungsproblems, das nach der optimalen Kurve eines Punktes fragt, der einen anderen Punkt schnellstmöglich verfolgt. Ihre Heimatstadt Winterthur benannte eine Straße nach ihr.

f. Sophie Germain (1776–1831)

Bedeutendste Mathematikerin Frankreichs, obwohl mathematische Autodidaktin. Ende des 18. Jahrhunderts war Frauen das Studium der Mathematik verwehrt. Ein mit ihr befreundeter Student verließ aber die École Polytechnique und erlaubte ihr, unter seinem Namen weiterzustudieren. Später nahm sie das männliche Pseudonym Antoine-Auguste Le Blanc an und führte unter diesem Decknamen intensiven Gedankenaustausch mit Gauß. Sie beschäftigte sich mit der Fermat'schen Vermutung und konnte beweisen, dass diese für die heute so genannten Sophie-Germain-Primzahlen gültig ist. Weitere originale Beiträge zu Elastizitäts- und Schwingungsproblemen. Im Jahr 1815 erhielt sie den Preis der Französischen Akademie der Wissenschaften für Untersuchungen zur Vibration elastischer Platten. Gauß schlug der Universität Göttingen vor, ihr die Ehrendoktorwürde zu verleihen. Sie starb einige Monate vor der Preisverleihung an Brustkrebs.

8. Drei Hauptsätze der Statistik

Erster Hauptsatz: 120 Prozent aller Prozentangaben in Statistiken sind falsch. (MacLeans Maxime der selektiven Wahrheit)

Zweiter Hauptsatz: 79,1849357 Prozent der Statistiken spiegeln eine Genauigkeit vor, die sie nicht haben. (Hesses Unschärferelation)

Dritter Hauptsatz: Eine von drei Statistiken ist frei erfunden. (Barneys Frequenzgesetz der Falsifikate)

59. Drei Hauptsätze der Computer-Programmierung

Erster Hauptsatz: Jedes fertige Programm, das läuft, ist bereits veraltet. (Parkinson-Gesetz der Innovationsrasanz)

Zweiter Hauptsatz: Die Komplexität eines Programms wächst mindestens so lange, bis sie die Fähigkeiten des Programmierers überschreitet, der es instand halten soll. (Peter-Prinzip der Komplexitätseskalation)

Dritter Hauptsatz: Es ist unmöglich, ein Programm narrensicher zu machen, da Narren viel zu genial sind. (Unmöglichkeitstheorem der Totalsimplifikation)

Über den Umgang mit Computern

Ein dada-didaktischer Dialog

User: «Mein Monitor geht nicht.» Berater: «Ist er denn eingeschaltet?» User: «Ja!» Berater: «Dann schalten Sie ihn doch bitte mal aus.» User: «Ah, jetzt geht er.»

---

60. Das Linda-Experiment

Die Psychologen Amos Tversky und Daniel Kahneman legten als Teil einer Studie ihren Versuchspersonen folgende Fragestellung vor:

Linda ist 31 Jahre alt, unverheiratet und sehr intelligent. Sie hat Philosophie studiert und ihr Studium mit Auszeichnung abgeschlossen. Als Studentin war sie sehr engagiert in Fragen sozialer Diskriminierung, hat sich für die Rechte von Minderheiten eingesetzt und an Anti-Atom-Demonstrationen teilgenommen.
Was erscheint Ihnen wahrscheinlicher?

1. Linda ist Bankangestellte
2. Linda ist Bankangestellte und engagiert sich in der Frauenbewegung

Tversky und Kahneman[21] stellten fest, dass nahezu 90 % der Befragten die zweite Aussage für wahrscheinlicher hielten.

Ist das auch Ihre geschätzte Meinung?
Ja?
Dann haben Sie einen Denkfehler begangen. Aber Sie brauchen sich nicht zu grämen, denn es handelt sich, wie gesagt, um die überwältigende Mehrheitsmeinung, und Sie befinden sich in bester Gesellschaft.

Aus statistischer Sicht ist dies deshalb ein Fehler, weil die zweite Aussage eine Einschränkung der ersten ist und die Wahrscheinlichkeit einer Einschränkung immer geringer ist als die von allgemeineren Aussagen. Anders ausgedrückt: Die Wahrscheinlichkeit einer Kombination von Ereignissen (hier also der Eigenschaften *Bankangestellte* und *aktiv in der Frauenbewegung*) kann nicht größer sein als die Wahrscheinlichkeit jedes der beteiligten Einzelereignisse allein (hier *Bankangestellte*).

Wie kommt dieser Fehlschluss zustande?
Tversky und Kahneman erklärten ihn damit, dass die von Linda gegebene Beschreibung repräsentativer ist für eine Feminis-

tin als für eine Bankangestellte und man dazu neigt, ein repräsentativeres Ereignis intuitiv für wahrscheinlicher zu halten.

Aber Sie wissen es jetzt besser und werden sich auf diese Weise nicht mehr in die Irre führen lassen.

61. Asymmetrische Tiere

Die Symmetrie ist ein starkes Ordnungsprinzip in Natur und Mathematik. In der Natur kommen Lebewesen, die nicht symmetrisch gebaut sind, nur selten vor.

Dabei gibt es im Tierreich zwei Arten von Symmetrie. Zum einen die Zwei-Seiten-Symmetrie, bei der das Äußere der Tierkörper aus zwei mehr oder weniger identischen Hälften besteht. Fast alle Tiere zeigen diese Art der Symmetrie. Und zum anderen die weniger verbreitete radiale Symmetrie, bei der sich Teile eines Tieres um eine gedachte zentrale Achse in einem Kreis anordnen. Seeigel und Quallen sind Beispiele für diese Art der Symmetrie.

Die Symmetrie muss entwicklungsgeschichtliche Vorteile haben, wie sonst hätte sie die evolutionäre Konkurrenz so überwältigend gegen die Asymmetrie gewinnen können. Denn asymmetrische Tierarten haben tatsächlich Seltenheitswert. Das macht jene Arten, die es trotzdem gibt, natürlich umso interessanter. Einige besonders spektakuläre Exemplare wollen wir uns genauer ansehen.

Ein sehenswertes Beispiel ist die Winkerkrabbe. Die Männchen verfügen über zwei ganz verschiedene Scheren, eine ist überdimensional vergrößert, während die andere extrem verkleinert ist. Die große Schere hat eine Bedeutung beim Paarungsverhalten der Tiere.[22]

Erwähnenswert ist auch der Narwal, das Einhorn unter den Meerestieren. Aber nur die männlichen Tiere sind von der Asymmetrie betroffen. Ihr Einhorn entwickelt sich aus dem linken Stoßzahn. Der rechte Zahn wächst, von Ausnahmen abgesehen, nicht zum Stoßzahn heran. Was ist der Grund für diese auch im Vergleich mit dem Elefanten merkwürdige Asymmetrie? Es gibt darüber keine befriedigende Theorie.

Mein Lieblingsbeispiel unter allen asymmetrischen Tierarten ist der in Neuseeland beheimatete Schiefschnabelregenpfeifer. Sein asymmetrischer Schnabel ist sein Alleinstellungsmerkmal unter allen Vögeln. Es handelt sich um die einzige bekannte Vogelart auf dem Planeten, dessen Schnabel von der Schnabelmitte seitlich(!) gebogen ist, und zwar stets nach rechts. Die derzeit vorherrschende Theorie unternimmt den Versuch einer plausiblen Erklärung:

Der Vogel tritt in Neuseeland bevorzugt an steinigen Flussufern auf. Diese sucht er nach Beute ab. Er ernährt sich von Fischeiern und ähnlichen Leckerbissen. Mit krummem Schnabel und einem seitlich geneigten Kopf erreicht er dabei auch die Nahrungsstücke unter größeren Steinen. Diese Technik konnte sich deshalb evolutionär durchsetzen, weil der Schiefschnabel auf dem neuseeländischen Festland keine natürlichen Feinde besitzt, denn es gibt dort keine Landraubtiere. Die Feinde des Schiefschnabels bedrohen ihn vielmehr aus der Luft. Es sind Greifvögel. Die Nahrungssuche mit seitwärts geneigtem Kopf statt mit nach vorne gesenktem Kopf erlaubte es ihm, ständig den Himmel nach nahenden Greifvögeln abzusuchen. Eine einleuchtende Erklärung. Und kein schlechter Einfall der Natur!

Abbildung 15: Ein Schiefschnabelregenpfeifer

62. Kleines Paradoxicon

Der Schriftsteller Gilbert Keith Chesterton meinte einmal, dass ein Paradoxon eine Wahrheit sei, die einen Kopfstand macht, um Aufmerksamkeit zu erregen. Das hört sich gut an. Hier einige alltagssprachliche Kopfstände.

Paradox ist, ...

- wenn ein Sonnenbrand nur Schattenseiten hat.
- wenn ein Neugieriger von seinem Nachbarn nichts wissen will.
- wenn ein Hellseher schwarzsieht.
- wenn jemand ein eingefleischter Vegetarier ist.
- wenn man auf einem Ball nicht Ball spielen darf.
- wenn einem Nichtraucher der Kopf raucht.
- wenn ein Perfektionist nur die Regeln fürs Imperfekt kennt.
- wenn im Logbuch die Wahrheit steht.
- wenn ein Zugführer keinen Zug verträgt.
- wenn ein Förster keine Schonung kennt.
- wenn ein Lasterfahrer nicht lasterhaft ist.
- wenn ein Angelsachse nicht angeln kann.[23]
- wenn ein Mathematiker unberechenbar ist.

Den Abschluss dieser Sammlung bildet etwas Semi-Ernsthaftes zum Nachdenken. Nennen wir es das Paradoxon vom intergalaktischen Reisen:

Ganz egal, wann Sie aufbrechen, wenn Sie Ihr Ziel im Weltall schließlich erreichen, ist es bereits bewohnt von den Nachkommen der Menschen, die nach Ihnen mit aufgrund von technologischem Fortschritt schnelleren Raumschiffen gestartet und deshalb früher angekommen sind.

63. Aus dem Zahlen-Zoo

In einem Buch von Walter Rouse Ball und Harold Coxeter wird die sogenannte Fermatsche Zahl

$$F_{73} = 2^{2^{73}} + 1$$

besprochen. In der Besprechung fällt der richtige Satz, dass diese Fantastilliarde von Zahl mehr Ziffern aufweist, als sämtliche Bücher in allen Bibliotheken aller Länder Buchstaben enthalten. Würde man sie aufsagen, reichte ein Universum von Zeit nicht aus, um die letzte Ziffer zu erreichen. Trotzdem kann man die letzte Ziffer von F_{73} angeben. Ja, sogar die letzten drei Ziffern. Sie lauten 897. Klar, das ist ein Gedankensplitter für ein mathematisches Handbuch des relevanzfreien Wissens. Aber cool, das herauskriegen zu können, ist es trotzdem.

Dem Prinzip der sanften Herleitung folgend möchte ich Sie zumindest davon überzeugen, dass die letzte Ziffer dieser unvorstellbar großen Zahl tatsächlich eine 7 ist. Dazu beginnen wir mit der Aussage, dass für n = 2, 3, ... alle Zahlen der Bauart

$$2^{2^n}$$

mit einer 6 enden. Um das einzusehen, kann man prüfen, dass nach

$$2^{2^2} = 16$$

die jeweils nächste Zahl in der Sequenz

$$2^{2^n}$$

sich aus der vorhergehenden durch einfaches Quadrieren ergibt: Zum Beispiel

$$2^{2^3} = \left(2^{2^2}\right)^2.$$

Wie weiter?

Nun, das Quadrat einer jeden Zahl, die auf 6 endet, endet ebenfalls auf 6:

$$(10k + 6)^2 = (10k)^2 + 120k + 36 = 10(10k^2 + 12k) + 36$$

Der erste Summand auf der rechten Seite der letzten Gleichung endet auf 0 wegen der Multiplikation mit 10, der zweite, also 36, endet erkennbar auf 6. Anschließend ist noch eine 1 zu addieren, so dass F_{73} tatsächlich eine 7 als letzte Ziffer hat. Horrido.

Phobie vor der 7

Im Kumbundu, einer Bantu-Sprache, hat sich das Wort für 7, nämlich sambuari, aus dem Wort für 6 + 2 (sic!) entwickelt. Das liegt daran, dass das ursprüngliche Wort für 7 zu einem Tabuwort wurde.

Die Folge der Fermat-Zahlen, das sei als Zugabe noch erwähnt, wächst übrigens sehr schnell an:

$$3, 5, 17, 257, 65537, 4294967297, \ldots$$

Fermat hatte festgestellt, dass die ersten 5 Zahlen dieser Zahlenfolge allesamt Primzahlen sind, und daraus die Vermutung abgeleitet, dass alle Zahlen vom obigen Typ F_n prim seien. Doch seither konnte trotz erheblicher Anstrengungen keine weitere Fermat-Zahl gefunden werden, die prim ist. Im Gegenteil, schon 1792 verkündete Euler, dass die Fermat-Zahl F_5 durch 641 teilbar ist, und falsifizierte damit Fermats Vermutung.

Trotzdem könnten natürlich weitere Fermat-Zahlen, die prim sind, existieren. Wenn Sie eine finden sollten, ließe sich damit unter Zahlentheoretikern ein nicht geringes Maß an Ehre einlegen.

64. Schwarzes Loch (I)

Schwarze Löcher im Kosmos ziehen Materie und selbst das Licht an und verhindern, dass es wieder entweichen kann. Im Zahlenkosmos gibt es Objekte, die sich ganz analog verhalten. Das möchte ich Ihnen demonstrieren. Hier ist ein Rezept:

Wählen Sie bitte eine beliebige natürliche Zahl m, schreiben Sie alle ihre Teiler einschließlich 1 und m auf. Addieren Sie alle Ziffern aller Teiler. Auf diese Weise erhalten Sie eine neue natürliche Zahl. Wiederholen Sie das beschriebene Verfahren für die neue Zahl usw. Ganz egal, mit welcher Zahl m Sie begonnen haben, Sie nähern sich letztendlich der Zahl 15 an und danach wird sich nichts mehr ändern. Die Anzahl der benötigten Durchläufe hängt von m ab, aber schließlich wird jede Zahl von der Zahl 15 als Schwarzem Loch magisch angezogen.

Wir erläutern dies anhand der Zahl 6.

Teiler von 6: 1, 2, 3, 6
Summe der Ziffern der Teiler: $1 + 2 + 3 + 6 = 12$
Teiler von 12: 1, 2, 3, 4, 6, 12
Summe der Ziffern der Teiler: $1 + 2 + 3 + 4 + 6 + 1 + 2 = 19$
Teiler von 19: 1, 19
Summe der Ziffern der Teiler: $1 + 1 + 9 = 11$
Teiler von 11: 1, 11
Summe der Ziffern der Teiler: $1 + 1 + 1 = 3$
Teiler von 3: 1, 3
Summe der Ziffern der Teiler: $1 + 3 = 4$
Teiler von 4: 1, 2, 4
Summe der Ziffern der Teiler: $1 + 2 + 4 = 7$
Teiler von 7: 1, 7
Summe der Ziffern der Teiler: $1 + 7 = 8$
Teiler von 8: 1, 2, 4, 8
Summe der Ziffern der Teiler: $1 + 2 + 4 + 8 = 15$

Teiler von 15: 1, 3, 5, 15
Summe der Ziffern der Teiler: 1 + 3 + 5 + 1 + 5 = 15

Und noch ein Schwarzes Loch:

Wir beginnen mit einer beliebigen natürlichen Zahl, die wir als Ziffernensemble auffassen, etwa mit der Zahl 175693679. Wir zählen die Anzahl der geraden Ziffern, die Anzahl der ungeraden Ziffern und bilden die Gesamtzahl der Ziffern als Summe beider vorgenannter Anzahlen: Bei der obigen Beispielzahl zählen wir 2 gerade Ziffern, 7 ungerade Ziffern und 9 Ziffern insgesamt: Diese drei Zahlen werden in dieser Reihenfolge aneinandergefügt, um die nächste Zahl zu erzeugen: 279. Mit dieser neuen Zahl wird der Vorgang wiederholt: 1 gerade Ziffer, 2 ungerade Ziffern, 3 Ziffern insgesamt. Das führt uns zur Zahl 123. Und diese Zahl ist bezüglich des beschriebenen Vorgangs ein Schwarzes Loch. Jede gewählte Beispielzahl führt unter dem beschriebenen Mechanismus früher oder später auf die Zahl 123.

65. Schwarzes Loch (II)

Auch eines der berühmteren Probleme der Mathematik ist im Grunde eine Vermutung über ein Schwarzes Loch. Ich meine die knapp 80 Jahre alte Collatz-Vermutung.

Auch hier ist der Ausgangspunkt eine beliebige natürliche Zahl. Wenn sie ungerade ist, verdreifache sie und addiere noch 1 hinzu. Wenn sie gerade ist, dann halbiere sie. Dieser Vorgang wird beständig wiederholt.

Die Frage ist: Erreicht man stets früher oder später die Zahl 1? Dann entsteht ein Zyklus, denn nach der 1 bekommt man eine 4, anschließend eine 2 und dann wieder eine 1. Das ist ein Schwarzes Loch in Form eines Zyklus. Ein Schwarzer Zyklus.

Auch dies ist ein Problem, mit dem sich schon viele Mathematiker beschäftigt haben. Der japanisch-amerikanische Mathematiker Shizuo Kakutani hörte um 1960 davon und zirkulierte das Problem an seiner Heimatuniversität Yale. Er erwähnte später, dass ungefähr einen Monat lang jeder in Yale daran gearbeitet habe, aber ohne Erfolg.

1970 bot der kürzlich verstorbene Harold Coxeter 50 Dollar für einen Beweis der Vermutung an und 100 Dollar für ein Gegenbeispiel. Kurz darauf steigerte der britische Mathematiker Sir Bryan Thwaites mit einer Ankündigung in der *Times* das ausgelobte Geld auf 1000 Britische Pfund, ein Angebot, das er 1996 bekräftigte. Nach dem letzten Informationsstand (Dezember 2011) ist die Vermutung immer noch ungelöst, wenn auch vor 9 Monaten Bewegung in die Sache kam. Der deutsche Mathematiker Gerhard Opfer, Professor an der Universität Hamburg, meldete im Frühjahr 2011 einen Beweis der Vermutung, musste allerdings – nachdem dieser von Experten geprüft worden war – am 15. Juni 2011 gegenüber SPIEGEL-ONLINE einräumen, dass seine Argumentation nicht wasserdicht sei. Die Collatz-Vermutung bleibt also einstweilen bei dem, was sie immer war: ungelöst.

66. Kunst der Konversation

Ein Junge ist in Erwartung seiner ersten Verabredung und verständlicherweise etwas nervös, weil er nicht weiß, worüber er dabei mit dem Mädchen sprechen soll. Er fragt seinen Vater um Rat. Der Vater sagt: «Junge, es gibt drei Themen, die immer funktionieren. Sprich über das Essen, die Familie und irgendwas Geistvolles wie Philosophie, Mathematik oder Logik.»

Der Junge macht sich auf den Weg und trifft seine Verabredung in einer Eisdiele. Dort sitzt man sich eine Weile schweigend gegenüber. Der Junge beherzigt den Rat seines Vaters und schneidet das erste Thema an. Er fragt das Mädchen: «Magst du Pfannkuchen?» Sie verneint und es kehrt wiederum eine lange Stille ein. Dann kommt der Junge zum zweiten Thema: «Hast du einen Bruder?» Wiederum verneint das Mädchen die Frage und wieder folgt eine lange Stille. Der Junge überlegt und überlegt. Schließlich hat er sich zum dritten Thema des Vaters eine Frage ausgedacht und er stellt sie sogleich: «Wenn du einen Bruder hättest, würde der dann Pfannkuchen mögen?» –?!?

67. Für Rechts- und Linksleser

Mit der Vokabel Palindrom werden Zeichenketten begrifflich erfasst, die von vorne und hinten gelesen das Gleiche liefern. Als längstes Wortpalindrom in irgendeiner Sprache gilt das finnische *saippuakivikauppias* (zu Deutsch: Specksteinverkäufer). Im Deutschen gibt es so coole Palindrome wie *Reliefpfeiler* oder *Retsinakanister oder Dienstmannamtsneid*. Auch ganze Wortfolgen und sogar Sätze können natürlich palindromisch sein.

So zum Beispiel der mehr als ratsame Tipp:

Lege an eine Brandnarbe nie Naegel.

Sowie das gegenüber der Urversion sprachlich etwas verfreundlichte 8. Gebot:

Eine güldne, gute Tugend: lüge nie.

Nur fallweise opportun sein mag dieser Apell an hilfreiche Helfer und rettende Retter:

Rettender Retter, red netter!

Zum Weiterdichten animiert dieser mögliche Anfang einer Ode an Udo (z. B. Jürgens oder Lattek oder Lindenberg):

O, du relativ reger, vitaler Udo.

Der absolute (wenn auch heute nicht mehr gänzlich politisch korrekte) Klassiker ist und bleibt aber ein Palindrom, das man dem Philosophen Schopenhauer zuschreibt:

Ein Neger mit Gazelle zagt im Regen nie.

Muss viel Zeit gekostet haben, diese Lebensweisheit zu kreieren. Wenn man über mehr als nur ein Gran mehr Zeit verfügt, kann man ganze palindromische Gedichte aus der Taufe heben. So wie diese lyrische Einlassung aus dem *Palindromikon* von Martin Mooz:

Metallatem

Purismus um Sagrotan-Ort.
Ich, Cirrus, der Gin-Hasser,
Abgasturbo röhre: Donnerboot.
Tatortsanierung nur ein Astro-Tattoo
– brenn oder hör o Brut!
Sagbares sahnig red, surr ich
Citronat-Orgasmus um Sirup.

Eine Ungereimtheit in mehr als nur einem Sinne und eine echte hermeneutische Herausforderung für Literaturwissenschaftler hat Martin Mooz damit in die Welt gestellt. Oder sollte es etwa das Beste sein, was an Unverständlichem seit und seitwärts James Joyce literarisch gefertigt wurde? Prickelnd-frisch dünkt auch die uns bescherte Wortneuschöpfung vom Citronat-Orgasmus. Und was erst einmal als Wort da ist, gibt es vielleicht bald auch in der Tat.

Was es jetzt schon gibt, ist eine recht filigrane Mathematik der Palindrome. Auch Zahlen, als Ziffernfolgen betrachtet, können nämlich in dieser Sicht palindromisch sein, wie etwa die Zahl 121. Interessanter noch sind palindromische Zahlen, die zusätzlich weitere Eigenschaften aufweisen, beispielsweise prim sind oder kubisch oder glücklich.[24] So ist etwa die 5-stellige Zahl 30103 ein ansehnliches Primzahlpalindrom, $1367631 = 111^3$ eine palindromische Kubikzahl und 787 ein glückliches Palindrom.

Auch in der menschlichen Erbsubstanz, der DNA-Doppelhelix, gibt es palindromische Abschnitte, die eine besondere Funktion wahrnehmen: Viele Proteine, welche die DNA modifizieren, benutzen diese palindromischen Abschnitte der Basenfolge, bestehend aus den organischen Basen Adenin, Cytosin, Guanin, Thy-

119

min, als Erkennungsmerkmale und führen ihre jeweilige Aufgabe symmetrisch an beiden Stücken aus.

> **Das 196-Problem**
>
> Wählen Sie eine beliebige positive ganze Zahl. Dazu wird die von rechts nach links gelesene sogenannte Spiegelzahl addiert. Möglicherweise ist die Summe der beiden Zahlen ein Palindrom. Dann ist die Spiegelzahl mit der Zahl selbst identisch. Ist die Summe kein Palindrom, wiederhole denselben Vorgang, indem zur Summe wieder deren Spiegelzahl addiert wird. Möglicherweise ist das Resultat jetzt ein Palindrom. Wenn nicht, wiederhole man den Vorgang.
>
> Meist ergibt sich früher oder später ein Palindrom. Doch nicht für alle Zahlen. Man vermutet, dass die kleinste Zahl, für die das nicht der Fall ist, die Zahl 196 ist. Ein mathematischer Beweis dieser Vermutung steht aber gegenwärtig noch aus. Mit Höchstleistungscomputerhilfestellung (ein Wort, das ich unbedingt einmal benutzen wollte) wurde der Prozess so häufig wiederholt, bis er Zahlen mit mehr als 300 Millionen Ziffern erzeugte, ohne dass ein Palindrom aufgetaucht wäre.

Aus reiner mathematischer Unternehmungslustigkeit noch etwas Zahlenharmonisches zum Ausklang:

$$123456787654321 : 11 = 11223344332211$$

68. Apps für alle (III)

Nun sprechen wir wieder von den Segnungen der Mathematik aus der Nützlichkeiten-Ecke: Will man etwas zählen, kann es aber nicht genau zählen, hilft man sich mit – Zufallszählen.

Zufallszählen ist eine Kalkuliermethode, um die Zahl von Dingen abzuschätzen, die notorisch schwer zu zählen sind, etwa weil die Objekte nicht komplett vorliegen oder sie nur mühsam, zeitraubend, inakkurat abzählbar sind. Für solche Bedarfsfälle kann man sich mitunter die Gunst des Zufalls zunutze machen und ein zufallsgesteuertes Verfahren des Abzählens verwenden. Die Kunst, die Gunst des Zufalls zu nutzen, demonstrieren wir am Beispiel der Schätzung der Anzahl der Fische in einem Teich.

Angenommen, ein Fischteich enthält eine unbekannte Zahl von N Fischen. Wir fangen M dieser Fische, markieren sie irgendwie und geben sie in den Teich zurück. Nach einer Zeit, die lang genug ist, um wiederum von einer gleichmäßigen Durchmischung aller Fische im Teich auszugehen, fangen wir nun n Fische. Von diesen seien m markiert. Man kann dann plausibel behaupten, dass der Anteil markierter Fische in der zweiten Stichprobe gleich oder annähernd gleich dem Anteil markierter Fische in der Gesamtpopulation aller Fische im Teich ist. Mit anderen Worten: Die zweite Stichprobe ist hinsichtlich Markierung und Nichtmarkierung der Fische eine Stichprobe, die repräsentativ ist für die Gesamtpopulation aller Fische im Teich. Die Annahme der Repräsentativität bedeutet, dass die Gleichheit $m/n = M/N$ recht genau erfüllt ist und somit

$N = n \cdot M/m$

eine gute stochastische Schätzung für die unbekannte Anzahl der Fische im Teich liefert. Stochastisches Zählen ist also eine besondere Art von Hochrechnung.

Der Soziologe Neil McKeganey schätzte mit dieser Methode in einer Studie über Aids die Zahl der Prostituierten in Glasgow.

69. Mathematik nach meinem Geschmack (II)

Hier ist die zweite Lieferung der Rechenregeln, wie ich sie bevorzugen würde und wie sie in der einfachsten aller Mathematik-Welten sicherlich gelten würden: Multiplizieren durch Aneinanderfügen, Kürzen durch Wegstreichen.

Meisterhaftes Multiplizieren

$$\frac{1}{2} \cdot \frac{5}{4} = \frac{15}{24}$$

$$\frac{1}{9} \cdot \frac{9}{5} = \frac{19}{95}$$

tfertiges Kürzen

$$\frac{1}{\cancel{6}4} \frac{1}{4}, \quad \frac{2\cancel{6}}{\cancel{6}5} = \frac{2}{5}, \quad \frac{1\cancel{9}}{\cancel{9}5} = \frac{1}{5}, \quad \frac{4\cancel{9}}{\cancel{9}8} = \frac{4}{8}$$

$$\frac{5\cancel{3}2}{9\cancel{3}1} = \frac{52}{91}$$

$$\frac{8\cancel{6}5}{34\cancel{6}} = \frac{85}{34}$$

$$\frac{143\cancel{1}\cancel{8}5}{170\cancel{1}\cancel{8}560} = \frac{1435}{170650}$$

So weit das Mathe-Starterkit von «Kürzen = Streichen».

70. Empirische Gesetze (I)

Zipfsches Gesetz

Angenommen, Sie nehmen ein beliebiges Fakten-Jahrbuch zur Hand mit diversen Datensammlungen zu allen möglichen Themen: Tabellen über Einwohnerzahlen von Städten, Längen von Flüssen, Höhen von Bergen, Häufigkeiten von Wörtern in Texten, Zeitdauern von Amtszeiten, Umsätzen von Unternehmen, Stromverbräuchen von Gemeinden, Einkommen von Beschäftigten und Ähnlichem. Sie wissen, was ich meine.

Jedem Eintrag in jeder Liste kann man einen Rangplatz zuordnen, dem größten Eintrag den 1. Rangplatz, dem zweitgrößten Eintrag den 2. usw. Es ist nun so, dass für sehr viele Phänomene dieser Welt sich der Wert des Eintrages aus dem Rangplatz abschätzen lässt. Phantastisch, oder? Für sehr viele Phänomene ist nämlich das Produkt aus Rangplatz r und Wert w eine Konstante:

$r \cdot w$ = konstant, d. h. w = Konstante$/r$

Die Konstante ist abhängig vom Datensatz. Das ist das Zipfsche Gesetz. Es hat sich in den verschiedenartigsten Kontexten für Abschätzungen bewährt. Prüfen wir seine Gültigkeit bei einem gewöhnlichen Alltagseinsatz. Erkundigen wir uns nach den größten deutschen Städten und ihren Einwohnerzahlen:[25] An diesen lässt sich einfach aufzeigen, dass und wie das Zipfsche Gesetz funktioniert.

Stadt	Einwohner 2003	Berechnete Einwohnerzahl mit Zipfschem Gesetz
Berlin	3 523 000	3 600 000
Hamburg	1 734 000	1 800 000
München	1 207 000	1 200 000
Köln	946 000	900 000

Die Schätzungen wurden mit der Konstanten 3 600 000 vorgenommen. Der Eintrag für Köln in der dritten Tabellenspalte errechnet sich aus 3 600 000 geteilt durch 4, da Köln mit seiner Einwohnerzahl von 946 000 unter den deutschen Städten den vierten Rangplatz einnimmt. Die Übereinstimmungen zwischen tatsächlichen Einwohnerzahlen und den Zipfschen Schätzungen sind ausgesprochen gut; Letztere weichen hier nie mehr als rund 5 Prozent von Ersteren ab.

Worte und Werte. Ein klassisches Anwendungsbeispiel für das Zipfsche Gesetz ist die Worthäufigkeit in Texten. Kennen Sie den Roman *Ulysses* von James Joyce? Selbst wenn Sie ihn gelesen haben sollten, werden Sie aufgrund der Lektüre sicherlich nicht wissen, dass er aus insgesamt 260 430 einzelnen Wörtern besteht, darunter sind genau 29 899 verschiedene Wörter. Diese seien nach Häufigkeit des Auftretens in eine Rangordnung gebracht. Zwei Einträge dieser Rangliste seien erwähnt:

Das Wort auf Rangplatz 10 kommt 2653-mal vor: $10 \cdot 2653 = 26\,530$
Das Wort auf Rangplatz 100 kommt 265-mal vor: $100 \cdot 265 = 26\,500$

Die Zipf-Konstante für *Ulysses* kann demnach bei etwa 26 500 angesiedelt werden. Mit dieser Festsetzung werden die Häufigkeiten der Worte auf anderen Rangplätzen abschätzbar. Für den Rangplatz 1000 beträgt die Schätzung w = 26500/1000 = 26,5. De facto kommt das Wort auf dem 1000ten Rangplatz genau 26-mal vor. Die Schätzung für Rangplatz 20, eingenommen vom englischen Wort «all» beträgt 26500/20 = 1325. In Wirklichkeit ist 1311 die richtige Fallzahl. Das demonstriert eine erstaunliche Passform des Gesetzes an die Daten.

Aus meiner Heimat oder: Waren Sie schon mal in Oberneger?

In echt und im Sauerland. Von der Ortschaft *Oberneger* (37 Einwohner) bis zur Ortschaft *Helden* (1100 Einwohner) im nordrhein-westfälischen Sauerland[26] sind es laut Google-Maps genau 11,1 Kilometer. Von *Kissing* (11300 Einwohner) über *Petting* (2300 Einwohner) bis *Fucking* (93 Einwohner) braucht man in Bayern im Durchschnitt 2 Stunden 50 Minuten.

---

71. Empirische Gesetze (II)

Benford-Wahrscheinlichkeiten

Abermals nehmen wir die Einwohnerzahlen in den Fokus. Ganz konkret gilt unsere Neugier der vierten Ziffer von vorne jeder Einwohnerzahl. Warum nicht auch das einmal bedenken? Man kann dabei feststellen, dass in einem großen Datensatz von Einwohnerzahlen an dieser Stelle alle Ziffern 0, 1, 2, ..., 9 ungefähr gleich häufig auftreten. Man spricht von einer Gleichverteilung.

Ganz anders ist es bei der jeweils ersten Ziffer der Einwohnerzahlen, also den Anfangsziffern. Deren Verteilung ist von der Gleichverteilung sehr weit entfernt. Es handelt sich um die sogenannte Benford-Verteilung. Nach ihr tritt die 1 als Anfangsziffer am häufigsten auf und die 9 am wenigsten häufig. Die Unterschiede sind beachtlich, wie der folgenden Tabelle zu entnehmen ist:

Ziffer	Wahrscheinlichkeit
1	0,301
2	0,176
3	0,125
4	0,097
5	0,079
6	0,067
7	0,058
8	0,051
9	0,046

In meinem Buch *Wahrscheinlichkeitstheorie* werden für 229 Länder der Welt und ihre Einwohnerzahlen die ersten Ziffern ausgezählt und mit der nach der Benford-Verteilung erwarteten Häufigkeit verglichen. Das Ergebnis ist das Folgende:

Anfangsziffer	1	2	3	4	5	6	7	8	9
gezählte Häufigkeit	67	39	27	24	16	22	16	9	9
erwartete Häufigkeit nach Benford	68,9	40,3	28,6	22,2	18,1	15,3	13,3	11,7	10,5

Nach der Benford-Verteilung ist die 1 als Anfangsziffer fast 7-mal so wahrscheinlich wie die 9. Diese kuriose Verteilungseigenschaft gilt für ein breites Spektrum von Datensätzen: von Steuererklärungen von Steuerpflichtigen bis zu Wählerstimmen in Wahlbezirken. Aus diesem Grund kann die Benford-Verteilung auch eingesetzt werden, um Datenmanipulateuren auf die Schliche zu kommen. Denn die von Datenfälschern erzeugten Daten-Falsifikate sind nicht Benford-artig, da die wenigsten Datenschwindler mit diesem Verteilungsgesetz vertraut sind. Und in der Tat setzt die US-amerikanische Steuerbehörde subtile datenanalytische Methoden ein, die auf der Benford-Verteilung beruhen, um Steuersündern und ihren fingierten Steuererklärungen auf die

Schliche zu kommen.[27] Mit ähnlichen Verfahren können Politik-wissenschaftler Wahlfälschungen nachweisen, wie etwa im Iran bei der Präsidentenwahl 2010 geschehen.[28]

Übrigens: Wir haben von Benford-Wahrscheinlichkeiten und vom Zipfschen Gesetz gesprochen. Natürlich lässt sich das Zipfsche Gesetz auch auf die Benford-Wahrscheinlichkeiten anwenden. Die Passgenauigkeit des Gesetzes ist dann recht gut, wählt man als Konstante 0,35.

72. Empirische Gesetze (III)

Pareto-Prinzip

Viele Größen sind nicht etwa gleichmäßig nach dem Gießkannen-prinzip, sondern völlig ungleichmäßig verteilt, etwa Einkommens- und Vermögensanteile relativ zur Anzahl derer, die über Einkom-mens- und Vermögensanteile verfügen. Diese und viele andere an sich verschiedene Settings gehorchen ein und demselben Prinzip: Das nach Vilfredo Pareto benannte Pareto-Prinzip quantifiziert einen weitverbreiteten Grad von Asymmetrie zwischen Ursachen und Wirkungen, Anstrengungen und Anstrengungsresultaten, Aufwänden und Erträgen, Inputs und Outputs. Kurzum: In sehr vielen Wirklichkeitsbereichen gilt ein 20/80-Gesetz:

20 % der Autoren schreiben 80 % der Bücher
20 % der Sportler gewinnen 80 % der Sportveranstaltungen
20 % der Mitmenschen verursachen 80 % der Unfälle, Streitereien, Reklamationen, Gerichtsverhandlungen, Schwierigkeiten ...

Dieses Prinzip widerspricht der Sicht, dass jeder Kunde und allge-mein jeder Input gleich wichtig seien, und konterkariert die Vor-stellung, dass 50 % der Ursachen zu 50 % der Wirkungen führen sollten. Im Gegenteil ist es eine in vielen praktischen Situationen beobachtete Grundtatsache, dass eine geringe Anzahl von großen

Werten einer Wertemenge mehr zum Gesamtwert aller Werte beiträgt als die große Zahl der geringen Werte dieser Menge. In einigen Bereichen kann man sogar eine Verschiebung der 20/80-Regel hin zu einer 10/90-Regel feststellen: 10 % der Produkte generieren 90 % der Gewinne.

Regeln für die Faust (Zugabe)

Als Menschen sind wir ständig dabei, Projekte im weitesten Sinne zu bearbeiten. Und wenn wir Projekte in Angriff nehmen, wollen wir in der Regel diese auch fertigstellen. Hier ist eine nützliche Faustregel:

Die Neunzig-Neunzig-Regel der Projekt-Fertigstellung

Für die ersten 90 % des Projekts benötigt man 10 % der vorgesehenen Zeit und für die letzten 10 % des Projekts benötigt man die anderen 90 %.

Preisfrage: Wie viel Prozent der vorgesehenen Zeit benötigt man, bis 99 % des Projekts erledigt sind?

Sturgeons law oder: Noch eine Neunzig-Prozent-Regel

90 % of everything is crap!
Also: 90 % von allem ist Mist.

---

73. Nature knows best

Die Bienenwaben-Vermutung

Bienen bauen ihre Waben aus regelmäßigen sechseckigen Zellen. Mit der Wahl des Sechsecks als geometrischer Grundstruktur verhalten sie sich so ökonomisch, wie es nur geht. Damit ist gemeint, dass dann am wenigsten Baumaterial verbraucht wird, wenn man eine Fläche mit diesen geometrischen Gebilden ausfüllt. Das hat der US-amerikanische Mathematiker Thomas Hales erst 1999 bewiesen, gestreng und tief und schürfend. Mit seinem Beweis hat er eine mehr als zweitausendjährige Vermutung bestätigt, die zurückgeht auf den griechischen Philosophen Pappus von Alexandria und dessen Essay: *Über die Klugheit der Bienen.*

Abbildung 16: Bienenwaben in einem Bienenstock

Die Bienen bauen ihre Waben so, dass jede eine bestimmte Menge Honig aufnehmen kann. Damit ist das Volumen vorgegeben. Außerdem ist es sinnvoll, Baumaterial möglichst knapp kalkuliert einzusetzen. Geht man eine Dimension tiefer und von Volumina zu Querschnitten über, so bedeuten diese Vorgaben, dass geometrische Figuren eines gegebenen Flächeninhalts so aneinanderzufügen sind, dass die Gesamtheit ihrer Begrenzungslinien hinsichtlich der Länge minimal wird. Es ist üblich, als Sparsamkeitsmaß für eine materialökonomische Bauweise den Quotienten

$$\text{Fläche}/\text{Umfang}^2 = Q$$

zu verwenden. Je größer der Wert von Q, desto sparsamer und deshalb günstiger ist die Konstruktion. Bleibt die Frage nach den Q-Werten von verschiedenen geometrischer Figuren. Relevant sind dabei allein solche geometrischen Figuren, die eine Fläche lückenlos ausfüllen können.

Um einige Beispiele zu nennen: Der Index Q hat bei Wahl von gleichschenkligen Dreiecken als Bauelementen den Wert 0,048, für Quadrate liegt er bei 0,0625 und für regelmäßige Sechsecke ist er 0,072. Mit diesen drei geometrischen Figuren kann eine Fläche lückenlos ausgefüllt werden. Für Kreise kommt man sogar auf einen Q-Wert von 0,080, aber diese sind zur Konkurrenz nicht zugelassen, da sie dem Kriterium der lückenlosen Ausfüllung nicht entsprechen. Unter dieser Maßgabe wird mit regelmäßigen Sechsecken tatsächlich das Optimum erreicht. Das weiß die Menschheit seit Thomas Hales 1999. Die Bienen wissen es schon länger.

Angewandte Geometrie für Anfänger

Abbildung 17: «... und 5 bis 7 Minuten von allen Seiten braten.» Cartoon von Martin Perscheid

74. Apps für alle (IV)

Die Daumensprung-Methode als mathematisches Souveränitätszubehör

Wir präsentieren hier ein nützliches kognitives Accessoire für Entfernungsschätzungen. Damit lässt sich der Abstand vom aktuellen Standort zu einem entfernten Objekt ohne Hilfsmittel schätzen.

Produktinformation. Strecken Sie einen Arm ganz nach vorne aus. Machen Sie zunächst eine Faust. Stellen Sie dann den Daumen nach oben auf. Schließen Sie ein Auge und peilen Sie mit dem anderen Auge über den aufgestellten Daumen das Ziel an. Schließen Sie nun das offene Auge und öffnen Sie das geschlossene. Der Daumen ist scheinbar zur Seite gesprungen. Schätzen Sie die Länge der Strecke, um die der Daumen gesprungen ist, projiziert auf das Ziel. Die Länge dieser Strecke wird mit 10 multipliziert; das Ergebnis ist der ungefähre Abstand zwischen Standort und Ziel. Fertig.

> **Pi in der Chemie**
>
> Selbst wenn wir das meiste Pi mal Daumen machen, müssen wir nicht unbedingt wissen, was Pi ist.
>
> Ein Chemiker zu einem Mathematiker

Funktionsweise. Mathematisch liegen dieser Methode die Gesetzmäßigkeiten der Strahlensätze aus der Geometrie zugrunde. Streckt man den Arm aus und richtet den Daumen auf, dann ist der ausgestreckte Daumen beim Erwachsenen etwa 70 cm von den Augen entfernt. Der Abstand zwischen den Augen beträgt etwa 7 cm. Das Verhältnis dieser beiden Abstände ist natürlich von Mensch zu Mensch leicht verschieden, aber für die meisten Menschen liegt es im Bereich von 1:11 bis 1:9. Es kann von jedem Menschen selbst ermittelt werden; mit dem individuellen Verhältnis kann man seine Schätzung präzisieren. In der Regel ist 1:10 eine gute Annäherung, was auf den verwendeten Faktor 10 in der beschriebenen Vorgehensweise führt. Der Vorteil der Methode und ihr Nutzen basieren darauf, dass es leichter ist, quer im Gesichtsfeld verlaufende Abstände abzuschätzen als Abstände, die in die Tiefe gehen.

75. Zahlensprech (I)

Michel Fayol, der Leiter des Labors für Soziale und Kognitive Psychologie an der Universität Blaise Pascal im französischen Clermont-Ferrand, widmet sich in seiner Schrift *Jetzt schlägt's zehn-drei* der Frage, warum im Alter von vier Jahren deutsche Kinder im Durchschnitt nur bis 15 zählen können, chinesische Kinder aber schon bis 50. Der Grund sei unsere unlogisch verdrehte Zahlensprechweise, bei der wir zum Beispiel bei der Zahl 21 zwar vorne die Zwei und hinten die Eins schreiben, aber statt des logischen *zwanzig-eins* das umgekehrte *einundzwanzig* sprechen. Zwischen Sprechen und Schreiben ist bei uns ein großer Unterschied!

Ins Unreine gefragt: Warum nicht 1 + 1 = 10?

Warum lernt man in der Grundschule anfangs nicht zuerst das Binärsystem der Zahlen? Der Umgang mit nur zwei Ziffern 1 und 0 sollte doch viel leichter sein als der mit 10 Ziffern.

Der Kinderpsychologe Dr. Jochen Donczik beschäftigt sich seit vielen Jahren intensiv mit Dyskalkulierern. Das sind Kinder mit einer Rechenschwäche. In seinem Vortrag auf dem 15. Kongress des Bundesverbandes Legasthenie und Dyskalkulie mit dem Titel *Einundzwanzig oder Zwanzigeins* plädiert er dafür, durch eine Vereinfachung des Zahlensprechsystems diesen Kindern zu helfen.

Der Unternehmensberater Günter Lößlein hat 2006 geschätzt, dass in Deutschland jährlich ein wirtschaftlicher Schaden von

300 bis 500 Millionen Euro durch Zahlendreher aufgrund unserer Zahlensprechweise entsteht.

Kleine Anfrage

Warum sind in unserer Zahlensprechweise die Zahlen 11 und 12 mit eigenen Begriffen versehen, statt einfach als *einszehn* und *zweizehn* benannt zu werden?

Antwort: Der Grund liegt im historischen Zusammentreffen eines Zehnersystems und eines Zwölfersystems, wobei das Letztere älter ist. Das Zwölfersystem spiegelt sich in unserer Sprache noch in Begriffen wie Dutzend (gleich 12 Stück), Schock (gleich 60 Stück) oder Gros (gleich 12 Dutzend) wieder. In einem Zwölfersystem braucht man noch zwei weitere Zahlennamen.

---

76. Aus einem meiner Liederbücher

Im Aufmerksamkeitsmittelpunkt steht nun ein Song der Band «Chor Dump», einst gebildet aus Mitgliedern und Exmitgliedern der Studierendenvertretung Informatik und Softwaretechnik an der Universität Stuttgart. Veröffentlicht ist er im Songbuch *Effiziente Algorhythmen*.

Text: Timo Heiber (1997)
Musik nach: *Ich bin Klempner von Beruf* (Reinhard Mey)

Hinweis des Texters: Als kleine Konzession ans Versmaß muss man den «Informatiker» ein wenig zusammenziehen, so dass er wie «Informat'ker» klingt.

Refrain: Informatiker von Beruf,
        ein dreifach Hoch dem,
        der dies gold'ne Handwerk schuf.
        Denn Software mit kleinen Macken
        lässt sich schnell und einfach hacken.
        Immer wieder gibt es Pannen
        an PCs und C-Programmen.
        Informatiker von Beruf.

1. Neulich hab' ich eine Software installiert,
die hat glatt vierzehn Sekunden funktioniert.
Dann wurde der Speicher knapp.
Und das System, das stürzte ab.
Ja, da hab' ich gar nicht lang' konfiguriert,
sondern darauf gleich das Upgrade installiert.
Und da fragt mich doch der Kunde noch nachher,
wie das jetzt mit seinem Hauptspeicher wär'.
Da antwort' ich blitzschnell «Tut mir leid,
doch noch mal hundert Megabyte
und ein neuer Prozessor müssen her,
sonst bootet Ihr System schon gar nicht mehr.»

Refrain: Informatiker von Beruf, ...
Denn an vielen hundert Plätzen
gibt es Rechner zu vernetzen,
Datendurchsatz zu verdichten
und ein Unglück anzurichten.
Informatiker von Beruf.

Abbildung 18: «Wenn mich jemand anruft, wird seine Nachricht vom Anrufbeantworter als wav-Datei digitalisiert und auf den Server geschickt, wo sie in mp3 konvertiert in meinem Weblog landet. Dort wird sie als Podcast über einen Newsfeed angeboten, der von R-Mail in eine E-Mail übersetzt wird, die mir sagt, dass mich vor 20 Minuten jemand angerufen hat.» Informatiker-Small-Talk. Cartoon von Rich Tennant

Am Freitag kam eine Reklamation:
Im CIP-Pool mangelte es stark an Strom.
Wenn das System große Last trage,
halte die Klimaanlage.
Und kühle man die Rechner nicht von Hand,
geriet so manch ein Terminal in Brand.
Ich löste das Problem höchst elegant,
indem ich Netz und Wasserrohr verband.
Wenn man jetzt die Rechner bootet,
wird der Termpool überflutet.
[Und] dies Werk informationstechnischer Kunst
stoppt zuverlässig jede Feuersbrunst.

Refrain: Informatiker von Beruf, ...
Selbst in Dschungeln, Steppen, Wüsten
gibt es Rechner aufzurüsten,
gibt es Software auszutricksen
und so manchen Bug zu fixen.
Informatiker von Beruf.

Aus dem richtigen Leben

Als der finnische Computerexperte Jerry Jalava bei einem Verkehrsunfall im Jahr 2008 einen Finger verlor, ließ er sich keine Fingerprothese einsetzen, sondern einen USB-Stick implantieren.

Abbildung 19: Evolutionäre Weiterentwicklung

3.   Eines Winters, es war, glaub' ich, vor sechs Jahr'n,
           da kam ein neuer Kunde vorgefahr'n:
           Seine Firma bräucht' ganz zeitig
           eine Software – sehr vielseitig –,
           ein betriebliches Informationssystem.
           «Alles klar», sagten wir da, «gar kein Problem.»
           Wie gesagt, grad' mal sechs Jahre später dann,
           da sprachen wir mal wieder mit dem Mann:
           «Zu neunzig Prozent fertig»
           sei auch alles gegenwärtig.
           Mit Riesenschritten geht es nun voran,
           wenn er nur noch fünf Jahre warten kann.

Refrain: Informatiker von Beruf, ...
           Rechner und Apparaturen,
           Bildschirm, Mäuse, Tastaturen,
           Router, Hubs und Netzwerkkabel,
           so fühl' ich mich ganz passabel.
           Informatiker von Beruf.
           Und braucht man kein' n Informatiker mehr,
           ja, dann werd' ich Softwaretechniker.

77. Probleme in neuer Darreichungsform

Die Mannigfaltigkeit der Mittel. Noch haben wir nicht alle dem Mathematiker möglichen Erzählformen durchexerziert.
    Hier wird's: Poetisch

        Add this to that, divide by three,
        The square of this of course you' ll see.
        But that to this is eight to one.
        So figure what they are, for fun.
                    N. N.

Können Sie das unbekannte «x = that» bestimmen?

Abbildung 20: «Ich versteh das nicht. Algebra wurde vor Tausenden von Jahren erfunden und «x» ist immer noch unbekannt.» Cartoon von Tom Thaves

Hier wird's: Balladesk

Alptraum einer Mathematikerin

Denk dir ein Warenhaus mit
allerlei Dingen von unbekanntem Wert
und beliebigen Preisen,
der Einfachheit halber gerundet
auf ganze Beträge.

Die Inhaberin des Ladens,
Frau X, erhöht oder senkt
die Preise an jedem Tag
und macht so außergewöhnlich
gute oder auch miese Geschäfte.

Preise von geradem Betrag
teilt sie durch zwei,
doch ungeradzahlige hebt sie
um fünfzig Prozent
und zählt einen halben Dollar hinzu,
um das Ergebnis zu glätten.

Heute bleib ich vor einem hübschen
geschliffenen Spiegel stehen
zu siebenundzwanzig Dollar.
Soll ich ihn kaufen oder noch
neunundfünfzig Tage warten,
bis sich der Preis erniedrigt?

JoAnne Growney

In Julian Romeos Buch *Jägermeister sucht kühle Blonde* findet sich der Kontakt-
wunsch:

Mathematiker, der sich schon einmal verrechnet hat, sucht immer noch nach
dem reziproken Verhältnis zwischen Mann und Frau. Chiffre ...

---

78. Doing nothing and doing it really well

Die Vermessung der Langsamkeit. Das Pechtropfen-Experiment
ist die im wahrsten Sinne des Wortes lang-weiligste Studie der
Welt. Es handelt sich um einen extremen Langzeitversuch, bei
dem das Tropfverhalten einer außerordentlich zähen Masse
untersucht wird: Pech. Diese Substanz ist 100 Milliarden Mal
zähflüssiger als Wasser. Das Experiment wurde von Professor
Thomas Parnell von der University of Queensland in Austra-
lien initiiert. Schon die Vorbereitungen dauerten einige Jahre.
Parnell füllte erwärmtes Pech in einen zunächst noch unten
verschlossenen Trichter. Gebührlich ließ er der Füllung drei
Jahre Zeit, um sich in aller Ruhe zu setzen. Irgendwann im
Jahr 1930 öffnete er dann in aller Stille den Trichter, so dass
das inzwischen wieder erkaltete Pech fließen konnte. Und
«fließen» tat es denn auch, indem es an der Trichteröffnung
Tropfen bildete, aber mit einem Nichtaktionismus im Gigabe-
reich.

Ein Tropfen gilt als Abwechslung. Der erste Tropfen fiel 1938, die nächsten dann 1947, 1954, 1962, 1970, 1979, 1988 und der achte, bislang letzte Tropfen löste sich am 28. November 2000. Übrigens hat trotz dieser Anti-Rasanz bisher kein Mensch je einen Tropfen tropfen sehen. Das ist nämlich dann doch eine relativ blitzartige Angelegenheit von einer Zehntelsekunde Dauer. Für den letzten Tropfenfall wurde zwar eine Kamera installiert, doch ausgerechnet im entscheidenden Augenblick versagte die Technik.

Nachgehakt. Für diese wissenschaftliche Leistung wurde Thomas Parnell (posthum) zusammen mit dem gegenwärtigen Leiter des Experiments John Mainstone, dessen Aufgabe übrigens schwerpunktmäßig darin besteht, nichts zu tun, im Jahr 2005 mit dem sogenannten Ig-Nobelpreis ausgezeichnet. Die gelegentlich laut gewordenen Stimmen, welche die Meinung vertraten, das Experiment sei einer Universität unwürdig, sind über die Jahrzehnte seltener geworden und schließlich nach dessen weltweitem Ruhm ganz verstummt. Für nichts ist die Universität von Queensland inzwischen berühmter als für das Pitch-Drop-Experiment. Man mag streiten, ob dies für das Experiment oder gegen die Universität spricht.

79. Mit Mathematik Geld verdienen (I)

Im Jahre 2000 wurde das Clay Mathematics Institute gegründet. Es ist nach dem Bostoner Multimillionär Landon T. Clay benannt, der insgesamt jeweils eine Million Dollar für die Lösung von sieben mathematischen Problemen aussetzte. Das sind sieben allesamt schwierige Probleme (eines ist inzwischen gelöst), an denen sich schon etliche Mathematiker etliche Gehirnwindungen verbogen haben. Diese Millenniumsprobleme sind also stückweise 1 Million Dollar wert. Doch gibt es auch andere, weniger berühmte Probleme, auf deren Skalp Menschen Geld ausgesetzt haben. Mindestens zwei will ich nennen, sollten Sie sich irgendwann etwas Taschengeld verdienen wollen.

Das erste dreht sich um den sogenannten Kimberling-Shuffle.

Die Kimberling-Zahlenfolge beginnt mit 1, 3, 5, 4, 10, 7, 15, 8, 20, 9, 18, 24, 31, 14, 28, 22, 42, 35, 33, 46, ...

Durchschauen Sie das Bildungsgesetz? Nun, es ist nicht so leicht zu erkennen. Ich sage es Ihnen:

Mit dieser Schrittfolge kann man eine beliebige Zahlenfolge S_i etwas durcheinanderwirbeln und in die Zahlenfolge S_{i+1} überführen:

1. Für jeden Wert k zwischen 1 und i schreibe man das Folgenglied i + k von S_i und dann das Folgenglied i – k.
2. Man streiche das i-te Glied von S_i.
3. Man schreibe die übrigen Folgenglieder von S_i der Reihe nach auf.

Wendet man dieses Prinzip auf die Folge S_1 = 1, 2, 3, ... der natürlichen Zahlen an und dann auf die dabei entstehende Folge S_2 und ad infinitum immer weiter, so erhält man als Ergebnis dieses Prozesses der Reihe nach die Zahlenfolgen

1	2	3	4	5	6	7	8	9	10	11	...
2	**3**	4	5	6	7	8	9	10	11	12	...
4	2	**5**	6	7	8	9	10	11	12	13	...
6	2	7	**4**	8	9	10	11	12	13	14	...
8	7	9	2	**10**	6	11	12	13	14	15	...
...

Die fett markierten Elemente bilden die *Kimberling-Folge*.

Eine Frage lautet nun:
Kommen in der Kimberling-Folge alle natürlichen Zahlen vor?

Kann sein, kann nicht sein! Die Antwort hat sich uns noch nicht geoffenbart. Kein Mensch auf dem Planeten kennt sie. Die Antwort ist 300 Dollar wert.[29] Das Problem wurde gestellt und der Preis ausgelobt von Professor Clark Kimberling, Department of Mathematics, University of Evansville, 1800 Lincoln Avenue, Evansville, IN 47722 (USA), nach dem auch die Folge benannt ist.

An und für die offenen Probleme dieser Welt

Ein ungeklärtes Geheimnis schenkt uns oftmals mehr Schönheit und Freiheit, als seine Lösung uns geben kann.

Jean Giraudoux

---

80. Mit Mathematik Geld verdienen (II)

Fermat war gestern, heute: Beals Vermutung. Das zweite hier genannte Problem bezieht sich auf eine Verallgemeinerung der inzwischen vom britischen Mathematiker Andrew Wiles bewiesenen Fermatschen Vermutung. Ohne ein so kapriziöses offenes Problem wie das von Fermat kreierte ist die Welt eindeutig ärmer. Zum Glück gibt es auch heute noch illustre Problemerzeuger. Wie zum Beispiel Andrew Beal. Andrew Beal ist ein texanischer Multimilliardär mit einem Faible für hoch dotierte Pokerrunden und einer Leidenschaft für Mathematik. Im Ernst. Er ist sogar gelegentlich als zahlenverrückt beschrieben worden. Die nach ihm benannte Vermutung äußerte er 1993. Sie kann recht leicht formuliert werden:

Vermutung Beals. Wenn $A^x + B^y = C^z$ für positive ganze Zahlen A, B, C, x, y, z gilt, mit x, y, z größer als 2, dann besitzen A, B, C einen gemeinsamen Primzahlfaktor.

Ein einfaches Beispiel ist $3^3 + 6^3 = 3^5$, ein etwas komplizierteres ist $27^4 + 162^3 = 9^7$. Der gemeinsame Primzahlfaktor ist in beiden Beispielen die Zahl 3.

140

Der Geldpreis für eine Lösung oder eine Widerlegung dieser Vermutung wurde vom Urheber persönlich auf den für Normalsterbliche satten Betrag von 100 000 Dollar fixiert. Der Preisfonds besteht seit 1997 und wurde in einer Ausgabe der *Notices of the American Mathematical Society* bekannt gegeben. Diese Gesellschaft verwaltet auch das Geld und hat ein Komitee zur Prüfung der Beweis- oder Widerlegungsbemühungen eingesetzt.

Wenn Sie der Meinung sind, diese Vermutung bewiesen oder widerlegt zu haben, dann schicken Sie bitte Ihre Arbeit an eine angesehene wissenschaftliche Zeitschrift der Mathematik zur Publikation ein. Sollten Sie Fragen zum Preis oder zum Reglement haben, wenden Sie sich an:

The BEAL-Conjecture and Prize
c/o Professor R. Daniel Mauldin
Department of Mathematics
Box 311430
University of North Texas
Denton, Texas 76203
USA

Eine Frage, die ich mir stelle: Hat Andrew Wiles, der Meister himselbst für hartnäckige Vermutungen dieser Art, schon seinen Stift gespitzt, um daran zu arbeiten?

81. Etwas vom Computer

Du hast noch nicht wirklich gelernt zu fluchen, bevor du anfängst, einen Computer zu programmieren.

N. N.

Irren ist menschlich, aber wenn man wirklich Mist bauen will, braucht man einen Computer.

Paul Ehrlich

Computer sind wie alttestamentarische Götter. Viele Vorschriften und keine Gnade.

Joseph Campbell

Lass einen Computer niemals spüren, dass du es eilig hast.

N. N.

Die Frage, ob Computer denken können, ist wie die Frage, ob U-Boote schwimmen können.

Edgar W. Dijkstra

Ein Computer-User und seine Freizeit gehen bald getrennte Wege.

Heinrich Stasse

Time Magazin's «Man of the Year 1982»[30]

Der Computer

Computer sind nutzlos. Sie können nur Antworten geben.

Pablo Picasso

Um Picasso zu ergänzen: Computer können auch Fehlermeldungen ausgeben. So kommen wir fugenlos zur nächsten Nummer.

82. Error Message 404

Fehlermelder-Haikus

Stellen Sie sich vor, Ihr Computer würde im Bedarfsfall nicht seine standardisierte Fehlermeldung ausgeben, sondern Sentenzen in Haiku-Form. Wie könnten die dann lauten? Charlie Varon und Jim Rosenau schreiben schon seit einigen Jahren zu diesem Thema einen Wettbewerb aus: *The Haiku Error Message Challenge*. Sie erhielten eine große Zahl von eingereichten Zuschriften. Drei der prämierten Gewinner sind die nachfolgend genannten.

Everything is gone;
Your life's work has been destroyed.
Squeeze trigger (yes/no)?

David Carlson

The code was willing,
It considered your request,
But the chips were weak.

Barry Brumitt

A file that big?
It might be very useful.
But now it is gone.

David Liszewski

83. Argumentum Ornithologicum

Gottesbeweise sind Argumentationsversuche, mit Hilfe der Vernunft die Existenz Gottes logisch zu erhärten. Sehen Sie selbst:

SATZ: *Gott existiert*

BEWEIS von Jorge Luis Borges (1899–1986)

«Ich schließe die Augen und sehe einen Vogelschwarm. Die Vision dauert eine Sekunde oder vielleicht kürzer; ich weiß nicht, wie viele Vögel ich gesehen habe. War ihre Zahl bestimmt oder unbestimmt? In diesem Problem stellt sich die Frage nach der Existenz Gottes. Wenn Gott existiert, so ist die Zahl bestimmt, weil Gott weiß, wie viele Vögel ich sah. Wenn Gott nicht existiert, ist die Zahl unbestimmt, weil niemand die Vögel nachzählen kann. Nehmen wir also an, Gott existiert nicht und die Zahl ist unbestimmt. In diesem Falle sah ich weniger als zehn Vögel und mehr als nur einen, aber ich sah nicht neun, acht, sieben, sechs, fünf, vier, drei oder zwei Vögel. Ich sah eine Anzahl zwischen zehn und eins, die weder neun ist noch acht, noch sieben, noch sechs, noch fünf, usw. Diese ganze Zahl ist nicht vorstellbar. Also muss die Annahme falsch sein und Gott doch existieren.»

Reaktion: Mathematik ist das nicht, Theologie, soweit ich weiß, auch nicht. Vielleicht ist es Literatur.

84. Logik auf Abwegen

Argumentum Mathematicum

Der italienische Mathematiker Ennio de Giorgi (1928–1996) versuchte einen Gottesbeweis mit mathematischen Mitteln durchzuführen, ebenso der berühmte Logiker Kurt Gödel (1906–1978). Gödels Beweis tauchte in seinem Nachlass auf. Gödel hatte ihn zu Lebzeiten nicht veröffentlicht, aus Angst, sein Beweis würde als Glaubensbekenntnis interpretiert werden. Der Beweis ist datiert mit *10. Februar 1970* und besteht im Original aus zwei handschriftlichen Seiten. Die Gedankenführung wurde von Gödel selbst als ontologische Argumentationsform tituliert. Gödel stützte sich dabei auf die Leibnizschen Begriffe «positiver» und «negativer» Eigenschaften: Hier ist der Beweisgang.[31]

Axiom 1: Eine Eigenschaft ist genau dann positiv, wenn ihre Negation negativ ist.

Axiom 2: Eine Eigenschaft ist positiv, wenn sie notwendigerweise eine positive Eigenschaft enthält.

Theorem 1: Eine positive Eigenschaft ist logisch widerspruchsfrei (das heißt, sie trifft möglicherweise in einem Beispiel zu).

Definition 1: Etwas ist gottähnlich genau dann, wenn es nur positive Eigenschaften hat.

Axiom 3: Gottähnlichkeit ist eine positive Eigenschaft.

Theorem 2: In einer möglichen Welt existiert ein Objekt, das gottähnlich ist.

Definition 2: Eine Eigenschaft P ist genau dann das Wesen von x, wenn x die Eigenschaft P hat und P notwendigerweise minimal ist.

Axiom 4: Positiv sein ist logisch und deshalb notwendig.

Theorem 3: Wenn x gottähnlich ist, macht Gottähnlichkeit das Wesen von x aus.

Definition 3: x existiert notwendigerweise, wenn es eine wesentliche Eigenschaft hat.

Axiom 5: Notwendig existent sein ist gottähnlich.

Theorem 4: Notwendigerweise gibt es ein x so, dass x gottähnlich ist.

Gödels Gottesbeweis. Großer Extrateil! Eben haben wir die Prosaversion des Beweises durchlebt. Gödel hatte sich dagegen einer Formelsprache bedient, die nur von einschlägigen Superaficionados verstanden werden kann, und in dieser sah seine ohnehin schon verklausulierte Argumentation erst recht kryptisch aus. Relativ zu anderen Inhalten dieses Buches ist die Mathematik hier, wie man so sagt, gearbeitet.

$$Ax\ 1. \quad \bullet\ \forall x\{[\phi(x) \rightarrow \psi(x)] \wedge P(\phi)\} \rightarrow P(\Psi)$$
$$Ax\ 2. \quad P(\neg\phi) \leftrightarrow \neg P(\phi)$$
$$Th\ 1. \quad P(\phi) \rightarrow \Diamond\ \exists x\ [\phi(x)]$$
$$Df\ 1. \quad G(x) \leftrightarrow \forall\phi[P(\phi) \rightarrow \phi(x)]$$
$$Ax\ 3. \quad P(G)$$
$$Th\ 2. \quad \Diamond\ \exists x\ G(x)$$
$$Df\ 2. \quad \phi\ ess\ x \leftrightarrow \phi(x) \wedge \forall\psi\{\psi(x) \rightarrow \bullet\ \forall x[\phi(x) \rightarrow \psi(x)]\}$$
$$Ax\ 4 \quad P(\phi) \rightarrow \bullet\ P(\phi)$$
$$Th\ 3. \quad G(x) \rightarrow G\ ess\ x$$
$$Df\ 3. \quad E(x) \leftrightarrow \forall\phi[\phi\ ess\ x \rightarrow \bullet\exists x\ \phi(x)]$$
$$Ax\ 5. \quad P(E)$$
$$Th\ 4. \quad \bullet\ \exists x\ G(x)$$

Abbildung 21: Gödels Gottesbeweis formal. Glauben Sie an G(x)?

Der Ausgangspunkt von Gödels Überlegung ist der Begriff *positive Eigenschaft*. Gödel führt diesen Begriff der positiven Eigenschaft als einen Terminus ein, der implizit im Rahmen einer Theorie durch Axiome charakterisiert ist. Eine Eigenschaft ist positiv, wenn sie keiner anderen Eigenschaft logisch widerspricht. Vor diesem Hintergrund ist ein göttliches Wesen dann ein Wesen, welches alle positiven Eigenschaften enthält.

In der Bemühung, ihn verständlicher zu machen, kann Gödels Gottesbeweis auch so ausgedrückt werden:

145

«Jede Eigenschaft ist entweder positiv oder negativ. *Wahrheit* ist zum Beispiel eine positive Eigenschaft. Was eine positive Eigenschaft notwendig enthält, ist selbst eine positive Eigenschaft. *Göttlichkeit* wird einem Wesen zugesprochen, das alle positiven Eigenschaften enthält. Daraus folgt, dass Göttlichkeit eine positive Eigenschaft ist.

Notwendig ist etwas, dessen Gegenteil widersprüchlich ist. So sind positive Eigenschaften mit Notwendigkeit positiv, also ist Notwendigkeit in der Positivität einer Eigenschaft enthalten und somit selbst eine positive Eigenschaft. Da Göttlichkeit alle positiven Eigenschaften umfasst, so umfasst sie auch die der Notwendigkeit. Daraus folgt: Wenn die Existenz eines göttlichen Wesens widerspruchsfrei möglich ist, dann ist sie auch notwendig, dann ist also die Nichtexistenz eines göttlichen Wesens widersprüchlich. Sollten mehrere göttliche Wesen existieren, dann sind sie, da ununterscheidbar, notwendig miteinander identisch.»[32]

Is' klar diese Worte? Is' möglich versteh?[33]

Abbildung 22: «Natürlich nur unter der Voraussetzung, dass Fischers Fritze frische Fische fischen kann.» Cartoon von Aaron Bacall

85. Pizza-Teilungstheorem

Teilt man eine Pizza in 8 Teile, indem man einen beliebigen Punkt auf der Pizza wählt und dann gerade Schnitte unter Winkeln von je 45 Grad macht, dann ist die Summe der Flächen alternierender Stücke gleich.

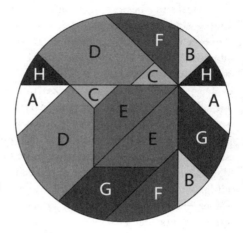

Abbildung 23: Pizza-Teilung nebst eingebautem visuellen Flächengleichheitsbeweis

Das ist ein Nützlichkeitsaccessoire nicht nur für Pizza-Besitzer: Es ist also nicht nötig, erst mühevoll den Mittelpunkt der Pizza präzise zu finden und dann in Winkeln von 45 Grad Schnitte auszuführen. Jeder beliebige andere Punkt auf der Pizza leistet auch eine flächenmäßig faire Teilung.

> **Reality Check**
>
> Realität ist da, wo der Pizza-Mann herkommt.
>
> Merkregel, besonders für Programmierer, Hacker, Informatik- und Mathematikstudenten

86. Analogeleien

Das Analogie-Prinzip ist ein wichtiges mathematisches Denkwerkzeug. Es besteht darin, ein Problem auf ein ähnliches Problem zurückzuführen, für welches die Lösung bereits bekannt ist. Die Suche nach möglichen Analogien spielt bei mathematischen Problemlösungsbestrebungen eine wichtige Rolle. In der Mathematik sind Analogien demnach ausgesprochen wichtig. Gute Analogien helfen uns, nicht nur in der Mathematik, sondern überall, Dinge besser zu verstehen. Doch natürlich gibt es nicht allein gute Analogien.

Die große US-amerikanische Zeitung *Washington Post* veranstaltet jedes Jahr einen Wettbewerb, bei dem gerade die schlechtesten Analogien die Hauptrolle spielen: den *Bad Analogy Contest*. Es besteht ja bekanntlich eine feine Linie zwischen den Analogien, die so schlecht sind, dass sie schon wieder gut sind, und den Analogien, die nur so gut sind, dass sie eigentlich schlecht sind. Hier sind einige wunderbare Beispiele für derartige Analogien in der Nähe dieser feinen Linie. Entscheiden Sie selbst, ob die folgenden Analogien diesseits oder jenseits der Entweder-oder-Grenze liegen.

Zweiter Sieger 1995
Sie war so unglücklich, wie wenn jemand deinen Kuchen in den Regen gestellt hat, so dass all der süße, grüne Zuckerguss zerfließt, und du hast das Rezept verloren und kannst zu allem Übel nicht mal richtig singen.

Joseph Romm, Washington

Sieger 1995
Sein Füllfederhalter war so teuer, er sah aus, als hätte sich jemand den Papst gepackt und ihn umgedreht, um mit dem Zacken seines großen spitzen Hutes zu schreiben.

Jeffrey Carl, Richmond

Weitere Sieger aus anderen Jahren
Das kleine Boot trieb auf dem Weiher, ganz genauso, wie es eine Bowling-Kugel nicht machen würde.

Russell Beland, Springfield

Bob war so perplex wie ein Hacker, der auf T:flw.quid55328
ch@ung zugreifen wollte, aber versehentlich auf T:/fl
ch@ung landete.

Ken Krattenmacher,

Anti-analog

Speyer spielt unter den Städten, in denen Mozart nicht war, eine besondere Rolle.

Aus: *Die Rheinpfalz*

PS: ... auch Barack Obama war nicht da ...

P^2S: Auch gut wäre die Version mit «... keine besondere Rolle.»

---

87. Witze für Witznovizen

– Drei Ingenieurstudenten diskutieren über den möglichen Entwickler des menschlichen Körpers. Sagt der Erste: «Das muss ein Maschinenbauer gewesen sein. Schaut euch nur diese filigranen Gelenke an.» Sagt der Zweite: «Es war garantiert ein Elektroingenieur. Das Nervensystem ist so was von ausgeklügelt.» Sagt der Dritte: «Es kann nur ein Bauingenieur gewesen sein. Wer denn sonst würde eine Abwasserleitung mitten durch ein Vergnügungszentrum legen?»

– Ein Programmierer und ein Mathematiker sitzen auf einem Langstreckenflug nebeneinander. Der Programmierer fragt den Mathematiker, ob er als Zeitvertreib ein kleines Spielchen machen möchte. Der Mathematiker aber möchte lieber schlafen und lehnt ab.
Doch der Programmierer gibt so schnell nicht auf und erklärt die Spielregeln: «Ich stelle Ihnen eine Frage, und wenn Sie die Antwort nicht wissen, dann bekomme ich 5 Euro von Ihnen. Danach stellen Sie mir eine Frage, und wenn ich die Antwort nicht weiß, dann bekommen Sie 5 Euro von mir.» Wiederum lehnt der Mathematiker dankend ab und versucht Schlaf zu finden.

Der Programmierer aber ist hartnäckig und macht einen weiteren Vorschlag: «Also gut: Wenn Sie die Antwort nicht wissen, zahlen Sie nur 5 Euro, wenn ich die Antwort nicht weiß, zahle ich Ihnen 50 Euro.» Der Mathematiker merkt, dass es hoffnungslos ist zu schlafen, bevor er nicht auf den Vorschlag des Programmierers eingeht, und stimmt wohl oder übel zu.

Der Programmierer stellt also seine Frage: «Was ist die mittlere Entfernung zwischen Erde und Sonne?» Der Mathematiker antwortet gar nicht erst, sondern reicht dem Programmierer wortlos 5 Euro. Dann stellt er seine Frage: «Was geht den Berg auf drei Beinen hinauf und kommt auf vier Beinen wieder herunter?»

Der Programmierer greift zum Laptop und durchsucht alle seine gespeicherten Datenbanken. Er logt sich ins Telefonsystem des Flugzeuges ein und durchsucht das Internet. Er schickt E-Mails an Freunde, Verwandte und Bekannte, postet die Frage in News Groups und bei Facebook. Erst kurz vor der Landung gibt er entnervt auf und weckt den Mathematiker, der die ganze Zeit über sein Schläfchen machen konnte, händigt ihm die 50 Euro aus und fragt: «Was ist denn nun die Lösung?»

Der Mathematiker greift in seine Brieftasche, zieht abermals 5 Euro heraus, gibt sie wortlos dem Programmierer und döst noch etwas weiter.

88. Bedeutende Mathematikerinnen (III)

g. Augusta Ada Byron Lovelace (1815–1852)
Sie war die Tochter des berühmten englischen Dichters Lord Byron. Als Mitarbeiterin von Charles Babbage entwarf sie mit diesem die erste programmgesteuerte Rechenmaschine und entwickelte ein Verfahren, wie man mit dieser Maschine Bernoulli-Zahlen berechnen konnte. Ihr Algorithmus gilt als erstes Computerprogramm, Augusta Lovelave als erste Informatikerin und Programmiererin. Bereits mit 37 Jahren starb sie an Krebs. Die Computersprache Ada ist nach ihr benannt.

h. Sonja Kowalewskaja (1850–1891)

Eine der bedeutendsten Mathematikerinnen überhaupt. Sie studierte zuerst in Heidelberg, später in Berlin bei Karl Weierstraß. Weierstraß prüfte sie mit einer schwierigen Aufgabe. Als sie ihm die Lösung präsentierte, war er so beeindruckt, dass er ihr Privatstunden gab: unter der Woche in ihrer Wohnung, sonntags in seinem Haus. Die Beziehung ging über eine normale Lehrer-Schüler-Beziehung hinaus. 1874 promovierte sie in Göttingen, war Dozentin (ab 1884), später Professorin (ab 1889) in Stockholm. Die Französische Akademie der Wissenschaften verlieh ihr einen renommierten Preis. Gewichtige Beiträge zur Analysis, zur Theorie partieller Differentialgleichungen, zu Abel'schen Funktionen und Integralen. Verewigt ist Sonja Kowalewskaja im Cauchy-Kowalewskaja-Theorem.

i. Charlotte Angus Scott (1858–1931)

Studierte Mathematik an der Universität Cambridge, Promotion bei dem berühmten Mathematiker Arthur Cayley. Seit 1888 hatte sie einen Lehrstuhl am Bryn Mawr College (USA), 1906 wurde sie zur Vizepräsidentin der American Mathematical Society gewählt. Sie publizierte mehr als 30 originale Arbeiten, hauptsächlich über geometrische Themen, und verfasste die bekannte Monographie *Modern Analytical Geometry*.

89. Dozenten-Sentenzen

Extrem durchfallerisch!

«Ich bin das Exmatrikulationsamt.»

> Dozent in der Vorlesung «Schaltungstechnik» (TU München)
> mit einer Durchfallquote von 70 %

Lottologie des Lehrens

«Ich spiele kein Lotto. Ich hab ja mit euch schon den Hauptgewinn gezogen.»

> Mathematiklehrer, Martin-Luther-Gymnasium Hartha

Unterbietungsklimax

Der Professor reißt das Fenster auf und ruft dem Prüfling nach: «Ich muss Ihnen doch noch eine 4 geben. Hier ist einer, der weiß noch weniger als Sie!»

N. N.

Überleben der Fittesten

Dozent: «Was sagen Sie zu diesem Problem?»
Student: «Hm, ich bin heute nicht fit.»
Dozent: «Was heißt hier, Sie sind nicht fit? Wir sind hier nicht im Fitness-Studio.»

Aus einer Mathematik-Vorlesung, Fachhochschule Niederrhein

Nadel im Heuhaufen

«Statistisch gesehen bin ich nur an einem von Ihnen interessiert, der es später in der Mathematik zu etwas bringen wird. Leider weiß ich noch nicht, wer das sein wird, und muss mich deshalb mit Ihnen allen herumärgern.»

Aus einer Mathematik-Vorlesung, Universität Köln

90. Ungewöhnliche Maßeinheiten

Mathematik hat auch mit Maßen, Maßeinheiten und Messen zu tun. Sie stellt für alle möglichen Messvorgänge geeignete Maßeinheiten zur Verfügung. Darunter sind auch einige, die etwas aus dem Rahmen fallen:

ein Nanojahrhundert = Pi Sekunden (genauer: 3,156 Sekunden)

1 Attoparsec ist ungefähr 1 Zoll (genauer: 3,085 cm oder 1,215 Zoll), Vierzehntage haben 1 209 600 Sekunden. Also: 1 Attoparsec pro Mikro-Vierzehntage = 1 Zoll pro Sekunde (genauer: 1,004 Zoll pro Sekunde)

Ein Zoll pro Meile = 1 Astronomische Einheit (AE) pro Lichtjahr (genauer: 0,99812 AE pro Lichtjahr)

1 Barn = $1 \cdot 10^{-28}$ m^2 ist eine extrem kleine Flächenmaßeinheit, die maßgeschneidert für Teilchenphysiker ist, um damit Streuquerschnitte von Elementarteilchen zu erfassen. Am anderen Ende des physikalischen Größenspektrums von sehr kleinen bis sehr großen Einheiten ist das Megaparsec angesiedelt, das verwendet wird, um Abstände zwischen Galaxien zu messen: 1 Megaparsec = $3,3 \cdot 10^6$ Lichtjahre = $3,1 \cdot 10^{19}$ km.

Besonders gut gefällt mir eine aufs Alltagsweltliche heruntergeholte Kombination dieser beiden Extremeinheiten:

1 Barn-Megaparsec = 3 ml = 1 Teelöffel

Das ließe sich doch ausgesprochen gut auf Beipackzetteln von Medikamenten verwenden: Bei Hyperallergie jedes Mikrojahrhundert ein Barn-Megaparsec Cetirizin Dhexal einnehmen.

Jahrhundertvortrag

Als er einmal gefragt wurde, wie lange sein Vortrag dauern werde, antwortete Professor Julius Sumner: «Ungefähr ein Mikrojahrhundert.»

Anmerkung: Das sind 52,5 Minuten.

Nachrichten nach Maß. Und hier noch ein paar weitere, sonst schwer einsortierbare Kurznachrichten aus aller Welt zum aktuellen Thema.

Der mathematische Physiker Paul Dirac war ausgesprochen wortkarg und bei Aussagen bedächtig. Seine Freunde benannten eine Maßeinheit für recht langsamen Informationsfluss nach ihm: 1 Dirac = 1 Satz pro Viertelstunde.

Andy Warhol ist neben seiner Kunst bekannt für eine Formulierung aus dem Jahr 1968: «In der Zukunft wird jeder für 15 Minuten berühmt sein.» Entsprechend ist 1 Warhol = 15 Minuten Berühmtheit.

Und somit:

1 Kilowarhol = 10,4 Tage Berühmtheit
1 Megawarhol = 28,5 Jahre Berühmtheit
(gegenwärtig der Wert von Boris Becker)

Doch es gibt auch einen Schwellenwert für Berühmtheit, jenseits dessen die meisten Befragten sagen würden, dass man von einer gegebenen Person genug gesehen habe: Dieser kritische Punkt liegt in jedem Fall diesseits von 1 W^2 (= 1 Wester-Welle).

> Meistbenutzte Längenmaße[34]
>
> mm, cm, m, Elfmeter, km

91. Die Topologie von Weste und Jackett[35]

Text und Textilien. Unter dieser Überschrift wollen wir uns mit dem Thema der Umkehrbarkeit befassen. Zum Beispiel beim Ankleiden: Erst die Strümpfe, dann die Schuhe, das ist klar. Und diese Reihenfolge ist nicht sinnvoll umkehrbar.

Wie sieht es bei Weste und Jackett aus? Die Antwort scheint genauso eindeutig. Will man die Weste ausziehen, muss man zuerst das Jackett ablegen. Das ist die intuitive Antwort. Doch sie ist überraschenderweise falsch. Tatsache ist, man kann sich die Weste ausziehen, ohne vorher das Jackett entfernt zu haben. Hier ist das Rezept, in leicht fasslichen Einzelschritten aufbereitet:

Abbildung 24: Jackett anlassen, Weste ausziehen: die topologische Methode

Man knöpft zuerst die Weste auf, dann zieht man die linke Seite des Jacketts von außen in das linke Armloch der Weste hinein. Anschließend wird das Armloch über die linke Schulter und dann den linken Arm hinuntergezogen. Als Nächstes wird das Armloch, welches im Moment noch das Jackett hinter der linken Schulter umgibt, um den Körper herumgezogen, und zwar um die rechte Schulter und den rechten Arm, bis man das Armloch schließlich an der rechten Seite des Jacketts frei bekommt. Damit hat das Armloch den gesamten Körper einmal umkreist, und die Weste hängt auf der rechten Schulter unter dem Jackett. Nun wird die Weste zur Hälfte in den rechten Ärmel des Jacketts gedrückt. Jetzt muss man nur noch den Ärmel hochziehen, die Weste ergreifen und diese durch den Ärmel ins Freie holen. Und fertig. Schneller als die Fünf-Minuten-Terrine.

Ergo: Das Verhältnis von Weste und Jackett ist also ein anderes als das von Strumpf und Schuh. Und glauben Sie ja nicht, dass dies keine Mathematik sei. Es ist lupenreine Topologie. Und sie ist keineswegs – wie im Beispiel – nur in Mathe-Esoteriologie für Extremexzentriker verstrickt. Die mathematische Provinz der Topologie untersucht die Eigenschaften geometrischer Objekte, die durch gummiartige und ähnliche Verformungen nicht verändert werden. Topologisch betrachtet war die Weste also nie unter dem Jackett.

Wer oder was bin ich?

Topologen sind Mathematiker, die eine Kaffeetasse nicht von einem Donut unterscheiden können.

---

92. Ultra-Kurz-Beweise

Es gibt extrem lange und sehr kurze Beweise. Die Bestätigung der Fermatschen Vermutung durch Andrew Wiles hat eine Beweislänge von 200 Seiten. Zudem ist Wiles der Urheber des Beweises als großer Nervenkitzler. Um 1650 hatte Fermat seine Behauptung an den Rand eines Buches geschrieben. Eine Zeit vergeht und viele Mathematiker versuchen erfolglos, diese Behauptung zu beweisen. Gute drei Jahrhunderte später nimmt Andrew Wiles als Ich-AG die Vermutung in Angriff. Eine Zeit vergeht, ein Beweis wird präsentiert, eine Freude kommt auf, ein Champagner fließt, ein Mathematiker wird gefeiert, ein Beweis wird geprüft, eine Lücke wird gefunden. Und Wiles muss sich so oder so ähnlich gefühlt haben wie Beuys, nachdem jemand seine Fettecke gesäubert hatte. Doch Wiles macht weiter, versucht die Lücke zu schließen. Eine Zeit vergeht, ein Scheitern zeichnet sich ab, ein Entschluss zum Aufgeben entsteht, doch bevor er umgesetzt wird, erscheint eine Idee, die den Beweis vervollständigt.

Der Beweis als stumme Lustbarkeit. Das ist also der Prototyp eines langen Beweises. Kurze Beweise machen mir mehr Spaß. Außerdem passen Sie besser auf diese Buchseite.

Beispiel 1:
Ein besonders schöner Ultra-Kurz-Beweis (UKB) ist dieses kleine geometrische Juwel:

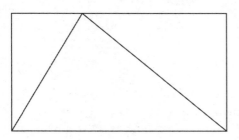

Abbildung 25: Rechteck und Teildreiecke

Man nehme ein beliebiges Rechteck. Man wähle einen beliebigen Punkt auf einer der Seiten. Man verbinde diesen Punkt mit den gegenüberliegenden Eckpunkten. Auf diese Weise entstehen Dreiecke. Es gilt der Satz:

Das große Dreieck ist flächenmäßig genau halb so groß wie das Rechteck.

Diese Aussage ist nicht ohne Weiteres klar, wird aber sofort augenfällig, wenn man hilfsweise die pfiffige Minutiosität einer gestrichelten Linie einzeichnet.

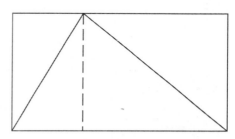

Abbildung 26: Hilfslinie als optischer Beweisträger

Und die Erleuchtung kommt zustande. C. F. Gauß is in the house.

Das war ein hübscher, kurzer, visueller Beweis ohne Wortbeiwerk. Wenn Sie dennoch ein paar erklärende Worte wünschen, könnten es diese sein:

Die gestrichelte Linie ermöglicht es uns, das ursprüngliche Rechteck als aus zwei kleineren Rechtecken zusammengesetzt zu erkennen und ebenso das große Dreieck als aus zwei Dreiecken zusammengesetzt. Diese kleineren Dreiecke machen jeweils die Hälfte der Fläche der kleinen Rechtecke aus. Ende.

Beispiel 2:

Unser zweites Musterbeispiel ist ein visueller Beweis einer arithmetischen Gleichung:

Wir beginnen in einem ersten Schritt mit der Unterteilung eines Quadrats der Seitenlänge 1 in vier identische kleinere Quadrate der Seitenlänge 1/2. Das kleine Quadrat unten links wird grau gefärbt. Beim Quadrat oben rechts wird derselbe Vorgang der Unterteilung in vier kleinere Quadrate durch abermalige Seitenhalbierung erreicht. Auch der Vorgang der Einfärbung wird wiederholt. Und so geht es mit Unterteilung und Einfärbung gedanklich ad infinitum weiter. Im Ergebnis ist von jeweils drei Quadraten gleicher Größe genau eines eingefärbt.

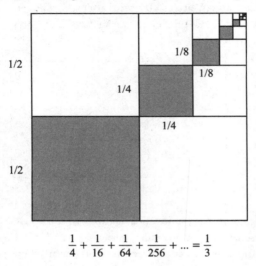

$$\frac{1}{4} + \frac{1}{16} + \frac{1}{64} + \frac{1}{256} + \ldots = \frac{1}{3}$$

Abbildung 27:
Hübsche Ansichtssache als visueller Beweis nebenstehender Gleichung

Der sich wiederholende Prozess der schrittweisen Einfärbung von jeweils einem von 3 Quadraten führt zu einem zugehörigen Prozess schrittweiser Approximation der Zahl 1/3 durch Flächeninhalte quadratischer Flächen.

Auch eine schrittweise Approximation

gludernde Lod, gludernde Flut, lodernde Flut, ...

«Es muss zu schaffen sein, meine Damen und Herren, wenn ich die CDU anseh, die Repräsentanten dieser Partei, an der Spitze, in den Ländern, in den Kommunen, dann bedarf es nur noch eines kleinen Sprühens, sozusagen,

➤➤

in die gludernde Lod, in die gludernde Flut, dass wir das schaffen können. Und deswegen, in die lodernde Flut, wenn ich das sagen darf ...»

Edmond Stoiber, ehemaliger bayerischer Ministerpräsident

PS: Welche Wortneuschöpfung könnte die nächste in obiger Wortzerstoiberungs-Folge sein? Lodernde Lod? Gludernde Glut? Oder drittens und erst mal letztens: Fludernde Flut?

93. Quantitative Entscheidungshilfe

In vielen Situationen des Lebens müssen wir uns irgendwann für irgendetwas entscheiden. Mit anderen Worten und etwas abstrakter ausgedrückt: Wir sind konfrontiert mit einer endlichen Menge von Objekten, die wir eines nach dem anderen wahrnehmen und unter denen wir möglichst das in irgendeinem Sinne beste Objekt auswählen, unter der Maßgabe, dass die Entscheidung für ein Objekt unmittelbar nach dessen Wahrnehmung erfolgen muss und andernfalls das Objekt nicht mehr zur Verfügung steht.

Sofern man beim sequentiellen Auftauchen der Objekte zu früh zugreift, ist es eher wahrscheinlich, dass man das beste Objekt noch gar nicht gesehen hat und dieses erst später auftaucht, wenn es zu spät ist. Wartet man aber zu lange mit dem Zugriff, so kann es sein, dass das beste Objekt schon passé ist, verworfen wurde oder nicht mehr zur Verfügung steht. Was tun?

Eine in vieler Hinsicht mathematisch optimale Zugriffsregel ist die folgende: Man beobachte die ersten 37 % der Objekte, ohne eines auszuwählen, merke sich aber, welches der Spitzenreiter unter diesen Objekten war. Dann werden weitere Objekte beobachtet, und man entscheidet sich für das erste Objekt, welches besser ist als der Spitzenreiter unter den ersten 37 %, oder für das letzte, falls kein besseres mehr auftritt. Diese 37 %-Regel geht auf

Geoffrey Miller zurück. Um sie erfolgreich zu implementieren, muss man die Gesamtzahl der Objekte kennen.

Ist die Gesamtzahl der Objekte auch noch unbekannt, lasse man die ersten 12 Objekte, ohne eines auszuwählen, passieren und wähle dann dasjenige, welches besser ist als der Spitzenreiter in diesem ersten Dutzend. Dies ist die sogenannte Take-a-Dozen-Regel der Entscheidungstheorie. Sie hat viele beweisbare Optimalitätseigenschaften.

94. Mathematik ist, wenn ...

Mathematik ist, wenn man mit Zahlen, die es eigentlich nicht gibt, durch Formeln, die man eigentlich nicht versteht, auf keine Lösung kommt.

Hm! Jedenfalls ist das manchmal so. Hier ist ein Beispiel:

Welchen Flächeninhalt hat ein rechtwinkliges Dreieck mit einer Grundseite von zehn Zentimetern und einer Höhe von sechs Zentimetern?

Denken Sie, es sind 30 Quadratzentimeter?

Falsch!

Die präzise Antwort lautet: Es gibt gar kein rechtwinkliges Dreieck mit diesen Maßen.

Die obige Frage bezieht sich also auf ein nichtexistentes Objekt. Und dennoch war sie jahrzehntelang Prüfungsfrage in den USA, bis irgendwann einmal jemand den Fehler bemerkte.[36]

95. Keine Milchmädchen-Mathematik

Zwei Mathematik-Professoren sitzen in einer Kneipe und einer der beiden lamentiert darüber, dass die meisten Menschen nur eine kümmerliche Ahnung von Mathematik haben. Als dieser zur

Toilette geht, ersinnt der andere einen Streich. Er bittet die Kellnerin zu sich und erklärt ihr, dass sein Kollege ihr nachher eine Frage stellen werde. Sie möge dann bitte mit *Ein Drittel x hoch drei* antworten. Die Kellnerin nickt.

Als der andere Mathematiker zurück ist, schlägt ihm sein Freund vor, er solle doch spaßeshalber einmal die Kellnerin nach dem Integral von x^2 fragen. Das macht er und die Kellnerin antwortet wie verabredet mit «Ein Drittel x hoch drei». Der Mathematiker ist verblüfft, sein Kollege amüsiert, die Kellnerin wendet sich ab. Doch im Abgang murmelt sie noch: «Die Mathematiker werden auch immer dümmer: Das plus c fehlt.»

Eine meiner Meinungen

Wahrheit entsteht nicht durch Mehrheitsentscheid.

Beispiel:

«Wie viel ergibt zwei mal zwei plus zwei durch zwei minus zwei?» war eine Frage bei der Quiz-Show *Wer wird Millionär*. Der überforderte Kandidat befragte das Publikum, das sich mit zwei Drittel Mehrheit für 1 als Ergebnis entschied. Für die richtige Antwort 3 stimmten nur 18 %.

---

96. Weißt du, wie viel …?

Wie viel Fachpersonal wird benötigt, um eine Glühbirne zu wechseln?

Wie viele …

… Atomkraftgegner?
6. Einer, der sie wechselt, und fünf die über die sichere Endlagerung der alten Birne diskutieren.
… Relativitätstheoretiker?
5. Einer, der die Birne hält, und vier, die den Stuhl drehen, auf dem er steht.

161

... E-Gitarristen?

2. Einer, der sie wechselt, und ein anderer, der nörgelt, dass eine echte Vintage-12AX wesentlich fetteres Licht geben würde.

... Maschinenbaustudentinnen?

Alle beide.

... Internatsschüler?

Keiner. Das machen ihre Eltern.

... Brasilianer?

12. Einer schraubt die Birne rein, die anderen spielen Fußball.

... Charismatiker?

Nur einer. Die Hände hat er schon oben.

... Bassisten?

Keiner. Das kann der Keyborder auch mit der linken Hand erledigen.

... Betriebswirte?

Einer, aber 400 bewerben sich.

... Jongleure?

Einer, aber man braucht mindestens drei Glühbirnen.

... Feministinnen?

7. Eine, um die Glühbirne auszuwechseln, drei, die gegen die Erniedrigung der Fassung durch die Glühbirne protestieren, zwei, die sich heimlich wünschen, sie wären die Fassung, und eine, die sich heimlich wünscht, sie wäre die Glühbirne.

... Studio-Gitarristen?

Einer, aber der braucht mindestens fünf Takes.

... Sozialarbeiter?

Is' eigentlich egal, da die Glühbirne eh bald wieder dem Burnout-Syndrom zum Opfer fallen wird.

... Generäle?

Nur einer, der den Befehl zur Ausschaltung der alten Glühbirne gibt. Die ganze Stadt danach wieder aufzubauen ist Sache der Zivilisten.

... Mafiosi?

3. Einer, der sie reindreht, einer, der Schmiere steht, und einer, der die Zeugen beseitigt.

... *Wie viele Buchhalter?*
Genau eins Komma null.
... *handwerklich geschickte Mathematiker?*
Einer. Viel Spaß beim Suchen.
... *Humorlose?*
Einer.

97. Bedeutende Mathematikerinnen (IV)

j. Emmy Noether (1882–1935)
Sie war die bedeutendste Mathematikerin überhaupt – Tochter
des Mathematikers Max Noether, Schülerin von Paul Gordon,
bei dem sie 1907 in Erlangen promovierte, anschließend Mitarbeiterin bei Felix Klein und David Hilbert. 1919 habilitierte sie
in Göttingen, ab 1922 war sie dort Professorin. 1933 emigrierte
sie in die USA und wurde zunächst Gastprofessorin am Bryn
Mawr College. Ab 1934 hielt sie Vorlesungen am Institute for Ad-
vanced Studies in Princeton. 1932 erhielt sie zusammen mit
Emil Artin den Ackermann-Teubner-Preis für ihre gesamten
mathematischen Leistungen, darunter innovative Beiträge zur
Algebra, als deren Mitbegründerin sie gilt. Mit dem Noether-
Theorem gelangen ihr bahnbrechende Leistungen auch in
Theoretischer Physik. Die Noetherschen Ringe und Noetherschen Moduln sind nach ihr benannt. Auch ein Mondkrater und
ein Asteroid tragen ihren Namen. Sie starb an Komplikationen
im Zusammenhang mit der Operation eines Unterleibstumors.

k. Nina Karlovna Bari (1901–1961)
Die sowjetische Mathematikerin studierte ab 1918 als erste Studentin Mathematik an der Universität Moskau. Sie war Schülerin
von Nikolai Luzin. 1926 promovierte sie zum Doktor der Physika-
lisch-Mathematischen Wissenschaften mit der Arbeit *Über die
Eindeutigkeit von trigonometrischen Entwicklungen*, die einen renom-

mierten Preis erhielt. Anschließend internationale Reise- und Vortragstätigkeit, 1929 kehrte sie nach Moskau zurück. Ab 1932 war sie Professorin an der Universität Moskau. Ihr Œuvre umfasst mehr als 50 originale wissenschaftliche Publikationen, darunter wichtige Arbeiten über trigonometrische Reihen und die Theorie der Funktionen reeller Variablen. 1961 starb sie durch einen einfahrenden Zug in der Moskauer Metro; ihre Freunde hielten es für Selbstmord.

So weit mein Personarium berühmter Heldinnen der Mathematik.

Wenn Sie nach meiner Rangliste der Top-3-Mathematikerinnen der Geschichte fragen sollten: Emmy Noether, Sonja Kowalewskaja, Hypatia.

Und wo eine Liste ist, ist auch Platz für eine Anti-Liste: Hier meine Anti-Liste von professoralen Mathematikerinnen der Jetztzeit, die ich auf mehreren Kontinenten teils über Jahre fachbereichsintern erleben konnte: S. W., B. W., B. K., D. N., A. W., A.-M. S. – Sie hinken ihrem Fluidum doch recht ernüchternd hinterdrein.

Und Schluss und Tagesschau.

98. Zufallsangelegenheiten

Die Stochastik ist die Mathematik des Zufalls. Sie sammelt und studiert dessen Verhaltensmuster. Es wäre ein Irrtum anzunehmen, der Zufall sei ein völlig irreguläres Wirrwar ohne jegliche Struktur. Im Gegenteil: Auch der Zufall gehorcht Gesetzen. Dazu gehören viele sogenannte Grenzwertsätze, die kurioserweise besagen – etwas salopp ausgedrückt –, dass der Zufall mehr und mehr verschwindet, je mehr zufällige Einflüsse einander überlagern.

Das kann man sehr gut beim wiederholten Werfen von Würfeln demonstrieren. Der Wurf eines Würfels ist nicht vorhersagbar und ist mit gleicher Wahrscheinlichkeit einer der sechs möglichen Ausfälle. Doch wird ein Würfel 1000-mal geworfen, kann man so gut wie sicher sein, dass der Mittelwert aller geworfenen Augenzahlen ziemlich genau 3,5 ist. Das ist der Mittelwert $(1 + 2 + 3 + 4 + 5 + 6)/6$ der möglichen Ausfälle bei jedem Wurf.

Wie ist es beim Werfen einer Münze? Bei nur einem Wurf besteht eine 50:50-Chance für Kopf oder Zahl. Mit zunehmender Anzahl der Würfe kommt es zu einer immer stärkeren Bevorzugung mittlerer Werte für die Kopf- oder Zahl-Würfe. Bei 10 Würfen etwa kann man 65,6 % sicher sein, dass die Anzahl der Kopfwürfe zwischen 40 % und 60 % der Gesamtzahl der Würfe liegt (also 4 oder 5 oder 6 beträgt). Bei 100 Würfen sind es gar schon 95,4 % und bei 200 sogar 99,8 %.

Skeptische Nachfrage

Hat die Münze vielleicht doch ein Gedächtnis?

Antwort von einem meiner Studenten: «Muss sie wohl, wenn sie bei 100 Würfen rund 50-mal *Kopf* und *Zahl* macht.»

---

99. Angst vor der 13

Paraskavedekatriaphobie ist eine Angststörung, die sich auf die Zahl 13 und oft speziell auf Freitag, den 13-ten bezieht. Es gibt Abergläubische, die fürchten sich derart vor dem 13-ten eines Monats, wenn dieser auf einen Freitag fällt, dass sie sich in psychiatrische Behandlung begeben müssen. Übrigens: Arnold Schönberg, der berühmte Komponist und Schöpfer der Zwölftonmusik, litt auch an dieser Phobie. Kein Wunder, dass er nicht die Dreizehntonmusik schuf. Eine Pointe höherer Art des Schicksals ist die Tatsache, dass er an einem Freitag starb, noch dazu an einem 13-ten: 13. 7. 1951.

> **Meta-Neurotiker**
>
> Es gibt auch Neurotiker, die leiden an einer wahnsinnigen Angst, wahnsinnig zu werden. Diese iterierte Neurose heißt Agatheophobie.
>
> Es gibt auch Neurotiker, die leiden an einer wahnsinnigen Angst vor der Agatheophobie. Aber es gibt keinen Begriff dafür.

Und als Zugabe noch ein einschlägiges Theorem: In jedem Monat, der mit einem Sonntag beginnt, gibt es einen Freitag, den 13-ten. Probieren Sie es doch einmal aus!

Gibt es schon die Sonntags-Monats-Anfangs-Angst?

100. Hüte und Helme

Zu Beginn des Ersten Weltkrieges trugen die britischen Soldaten nur braune Stoffkappen, aber keine Metallhelme. Das führte zu vielen Kopfverletzungen. Als Reaktion auf sehr zahlreiche Beschwerden wurden alle Soldaten schließlich mit Metallhelmen ausgerüstet, die sie bei Kämpfen stets zu tragen hatten. Kurioserweise stellte die medizinische Abteilung der Armee später fest, dass die Anzahl von Kopfverletzungen als Ergebnis dieser Maßnahme sogar noch zunahm.

Wie konnte das sein?

Die Antwort ist in folgender Richtung zu suchen: Die Zahl der Kopfverletzungen nahm zu, während die Zahl der Todesfälle abnahm. Vor Einführung der Helme führte ein Kopftreffer mit großer Wahrscheinlichkeit zum Tode, und ein geringer Prozentsatz dieser Treffer führte zu Kopfverletzungen. Das bedeutete eine relativ hohe Anzahl von Todesfällen relativ zu den Fällen mit Kopfverletzungen. Nach der Ausstattung mit Helmen war es wesentlich wahrscheinlicher, dass ein Treffer am Kopf wegen des Schutzes durch den Helm nicht zum Tode, sondern «nur» zu einer Kopfverletzung führte. Damit sank die Anzahl der Todesfälle relativ zu den Fällen mit Kopfverletzungen.

Das Paradoxon des Fortschritts

«Das ist das Paradoxon des medizinisch-technischen Fortschritts. Mit wachsendem Erfolg wird die durchschnittliche Gesundheit der (noch) Lebenden nicht besser, sondern schlechter, ganz einfach deshalb, weil die ansonsten Gestorbenen durch ihr Weiterleben notwendig die Morbiditäts-Statistiken belasten müssen. Die gesündeste Bevölkerung und die geringsten Klagen über den Medizinbetrieb hat man dort, wo man Kranke ohne jede Behandlung einfach sterben lässt.»

Aus: *Deutsches Allgemeines Sonntagsblatt*, 23. 5. 1988

---

101. Knotentheorie für Kinder

Ist es möglich, ein Seil aufzunehmen, wobei jede Hand ein Seilende ergreift, und durch ausgewählte beliebige Verrenkungen einen Knoten in das Seil zu knoten, ohne aber die beiden Seilenden loszulassen?

Das ist auf herkömmliche Art nicht möglich. Ein Theorem aus der mathematischen Knotentheorie verhindert das. In gewisser Weise ist es der Hauptsatz der Theorie. Er besagt: «Knoten heben sich nicht auf.»

Damit ist Folgendes gemeint: Wenn sich in einem Seil ein Knoten befindet, dann existiert kein anderer Knoten, den ich zusätzlich hineinmachen kann, so dass sich beide Knoten gegenseitig aufheben. Umgekehrt kann ich in einen geschlossenen Seilring durch Drehen und Wenden keinen Knoten hineinbekommen, ohne das Seil doppelt zu nehmen.

Dennoch ist das in der Anmoderation Verlangte möglich, wenn man sich einen Knoten in die Arme knotet, bevor man die Seilenden mit den Händen aufnimmt. Doch keine Sorge, Sie müssen kein Akrobat sein, um dies zu bewerkstelligen. Es reicht, wenn Sie die Arme vor der Brust verschränkt halten und dann mit den beiden Händen die beiden Seilenden aufnehmen. Anschließend kann man die Verschränkung der Arme auflösen und der Anfangsknoten ist ins Seil gewandert.

102. Beziehungsgeflecht

Drei fundamentale Zahlen in der Mathematik sind Pi, e und i. Es gibt eine ganz magische Beziehung zwischen ihnen, die sich prosaisch in Langschrift durch folgenden Satz ausdrücken lässt:

Die Zahl i hoch i ist der Kehrwert der Wurzel aus e hoch Pi.

Die Konstante Pi tritt in vielen Bereichen der Mathematik auf, doch bringt man sie zuallererst mit Kreisen in Verbindung, e hat mit Wachstumsvorgängen zu tun, i macht unsere vertrauten Zahlen mehrdimensional. Das Runde und das Wachsende stehen also in einer mysteriösen Weise im Höherdimensionalen in Beziehung. Diese enge Bindung zwischen drei ganz verschiedenen Größen, die alle etwas anderes ausdrücken und für etwas anderes stehen, ist absolut atemberaubend. Das ist in etwa so, als würden Archimedes, Atahualpa und Arafat derselben Ahnenreihe angehören und also in direkter Linie miteinander verwandt sein.

103. Stoßen Sie in die vierte Dimension vor

Wir Menschen können uns 1, 2 und 3 Dimensionen wunderbar vorstellen. Nach der allgemeinen Relativitätstheorie von Albert Einstein ist das Universum, in dem wir «leben, weben und sind», aber ein 4-dimensionales Raum-Zeit-Objekt. Darum wollen wir versuchen, in die vierte Dimension vorzustoßen. Man kann das in Analogie zu Übergängen von einer niedrigeren Dimension zur nächsthöheren bewerkstelligen.

Beginnen wir mit einem einfachen Punkt. Das ist ein 0-dimensionales Objekt.

Verschiebt man diesen Punkt in eine Richtung um eine Einheit und verbindet Anfangs- und Endpunkt, so erhält man eine Strecke. Das ist ein 1-dimensionales Objekt.

Verschiebt man diese Strecke senkrecht zu sich selbst in der Ebene und verbindet entsprechende Ecken, so erhält man ein Einheitsquadrat. Das ist ein 2-dimensionales Objekt.

Verschiebt man ein Quadrat parallel im Raum und verbindet entsprechende Ecken, so entsteht das Schrägbild eines Einheitswürfels. Das ist ein 3-dimensionales Objekt.

So weit, so gut. Nun vollziehen wir den schon dreimal ausgeführten Vorgang noch ein weiteres Mal. Verschiebt man einen Würfel parallel im Hyperraum und verbindet entsprechende Ecken, so entsteht das Schrägbild eines Einheitshyperkubus. Dieser wird auch als Tesserakt bezeichnet. Da der Hyperkubus aus zwei Würfeln hervorgegangen ist, hat er 16 Ecken und 32 Kanten.

Er sieht so aus:

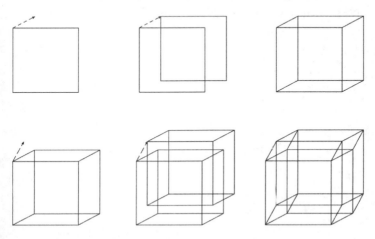

Abbildung 28: Ein Weg zum Tesserakt

Noch besser lässt sich das Tesserakt vorstellen, wenn man es auseinanderklappt. Wird ein Würfel auseinandergefaltet, so entsteht als 2-dimensionales Objekt das sogenannte Netz des Würfels, nämlich

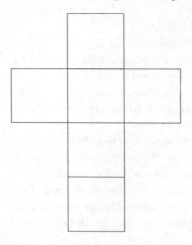

Abbildung 29: Das Netz des Würfels

Klappt man das Tesserakt auseinander, dann entsteht als Objekt in 3 Dimensionen ein Netz, das so aussieht:

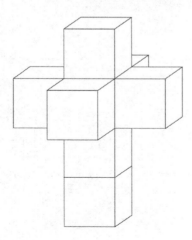

Abbildung 30: Das Netz des Tesserakts

Tesserakt als Artefakt

Tesserakte treten auch bisweilen als Kunstobjekte auf. Hier ein berühmtes Kunstwerk von Salvador Dalí.

Abbildung 31: Salvador Dalí: «Corpus Hypercubus», 1954

104. Aus ausgewählten IQ-Tests

Es gibt einige ausgesprochen schwere IQ-Tests, mit denen man hoch- und höchstintelligente Menschen auf geistige Fähigkeiten im weit überdurchschnittlichen Bereich testen kann. Dazu gehören der Titan-Test, der Ultra-Test sowie der Power-Test. Die folgenden Probleme stammen allesamt aus diesen Tests:[37]

- 2,54 : Zoll wie 454 : ?

• Die folgenden Zahlenreihen (a) bis (d) basieren auf der Zahl Pi, deren erste 51 Ziffern so aussehen: 3,14159265358979323846264338327950288419716939937510. Finden Sie die Ziffer, die jede der folgenden Zahlenreihen am besten fortsetzt:

(a) 3 4 5 5 7 5 1 9 1 8 9
(b) 2 2 3 2 4 10 1 7 4 4 4
(c) 8 6 10 15 16 17 13 14 13
(d) 6 13 15 31 39 43 45

• Ermitteln Sie die Figur, die in jedem der beiden Fälle die Serie am besten fortsetzt:

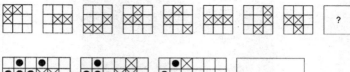

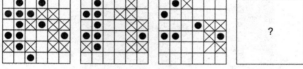

• Ermitteln Sie den Wert von ___ in jeder der folgenden Serien. Zum Beispiel: In der Folge 1 4 9 16 25 ___ 49 64 ist der Wert von ___ die Zahl 36.

(a) 4/10 ___/100 168/1000 1229/10000 9592/100 000 78498/1000000
(b) 1 4 17 54 145 368 945 ___
(c) 0 6 21 40 5 −504 ___
(d) 2 15 1001 215 441 ___
(e) 1 2r pir^2 4pir^3/3 ___

Abbildung 32: «Gute Nachrichten, liebe Eltern. Mein IQ-Test war negativ.» Cartoon von Robert Thompson

"Mum, Dad, good news! My IQ test proved negative"

Sind Sie smart?

753 : 776 wie Rom : ?

Frage aus *The Smartest Person in the World Contest*, organisiert von Ronald K. Hoeflin

---

105. Zauberhaft (VI)

Steinmeyers Uhrentrick[38]

Durchführung. Ein Zuschauer denkt sich eine Zahl zwischen 1 und 12. Beginnend bei 12 Uhr, zählt der Zuschauer nun die Anzahl der Buchstaben im Wortlaut seiner gedachten Zahl und rückt dabei für jeden Buchstaben um eine Stunde weiter. Hat er etwa die 7 gewählt, so befindet er sich nach dem Abzählen s-i-e-b-e-n bei 6 Uhr. Diese Uhrzeit ergibt nun die neue gedachte Zahl, mit welcher der Vorgang des Abzählens der Buchstaben (also s-e-c-h-s), beginnend bei der neuen gedachten Zahl, wiederholt wird. Im Beispiel gelangt man zu 11 Uhr. Dieser Vorgang des Abzählens wird insgesamt 5-mal durchgeführt. Anschließend erklärt der Zauberkünstler, er könne nun mit Sicherheit ausschließen, dass sich der Zuschauer bei 10 Uhr befindet. Diese Uhrzeit wird daher gestrichen, und der Zauberer sagt dem Zuschauer, er solle sie bei dem nun folgenden, letztmaligen Abzählen übergehen. Ist das letzte Abzählen vollzogen, kann der Zauberer verkünden, dass sich der Zuschauer bei 2 Uhr befindet.

Funktionsweise. Dieses kleine Uhrenkunststück basiert auf einer Variante der Kruskal-Zählung, die schon unter der Nummer 46 bei einem anderen Trick Erwähnung fand. Doch im Unterschied zu dort hat Steinmeyers Uhrentrick bei korrekter Durchführung eine 100 %ige Erfolgswahrscheinlichkeit. Schauen wir uns dazu an, auf welchen Uhrzeiten sich der Zuschauer nach den jeweiligen Abzählvorgängen gedanklich befinden kann. Vor dem ersten Abzählen kommen noch alle Zahlen 1 bis 12 in Frage, nach dem ersten Abzählen verkleinert sich diese Menge schon auf {3, 4, 5, 6}, nach dem zweiten Abzählen kommt nur die Menge {7, 8, 9, 11} in Frage, nach dem dritten Abzählen das Tripel {1, 2, 12}, nach dem vierten Abzählen das Paar {5, 6}, nach dem fünften Abzählen sind es {9, 11}. Das Dilemma besteht nun darin, dass sich bei weiterer Fortsetzung der Abzählvorgänge ein Kreislauf einstellen würde. Das Paar {9, 11} führt uns zurück zum Paar {1, 2}, dies zum Paar {5, 6} und dies wiederum zum Paar {9, 11}. Doch da nach dem fünften Abzählen die Zahl 10 ausgeschlossen wurde, führt nun das nächste und letzte Abzählen zwingend auf die 2. Immer. Der Zauberer kann dies anstrengungslos verkünden.

106. Aus der Nützlichkeiten-Ecke

Nummerierung der Autobahnen

Autobahnen in nord-südlicher Richtung werden in Deutschland mit ungeraden, Autobahnen in ost-westlicher Richtung mit geraden Zahlen bezeichnet.

Autobahnen mit nur einer Ziffer (A1– A9) durchziehen Deutschland großräumig.

Autobahnen mit zwei Ziffern (A10– A99) sind einzelnen Gebieten zugeordnet.

Autobahnen mit drei Ziffern sind regionale Autobahnen, die zwei größere Autobahnen verbinden, oder Zubringer-Autobahnen. Bei der Bezeichnung von z. B. A395 weist die Ziffer 3 auf den Großraum Hannover und die 5 darauf, dass es sich um den 5-ten Abzweig der A39 handelt.

Der Witz zum Thema

Zwei Rentner-Ehepaare machen einen Ausflug mit dem Auto. Sie sind auf der Autobahn und fahren genau 61 km/h. Ein Schutzmann stoppt das Fahrzeug. Der Opa am Steuer fragt: «Herr Wachtmeister, waren wir zu schnell?» – «Ganz im Gegenteil, Sie waren viel zu langsam», sagt der Beamte. Opa: «Darf man denn schneller fahren?» Polizist: «Ich denke, 90 sollten Sie schon fahren.» Opa: «Ja, aber auf dem Straßenschild stand doch A61.» Polizist: «Was meinen Sie damit?» Opa: «Ja, da muss man doch 61 fahren.» Polizist: «Aber nein, das ist doch nur die Nummer der Autobahn. Das hat mit der Geschwindigkeit nichts zu tun.» Opa: «Ach so, verstehe. Vielen Dank für den Hinweis, Herr Wachtmeister.» Der Polizist schaut sich noch im Fahrzeug um und sieht auf der Rückbank zwei völlig steif dasitzende Omis mit weit aufgerissenen Augen und poststressalen Pupillen.

Der Polizist erkundigt sich nach deren Wohlbefinden. «Ist Ihnen nicht gut?» – «Doch, doch, alles in Ordnung», sagt der Opa auf dem Beifahrersitz, «wir kommen nur gerade von der B255.»

Noch was Automobilistisches

Abbildung 33: Parktarife in der Stadt Lindau am Bodensee

Eine bemerkenswert hoch aufgeschlüsselte Tabelle mit Parktarifen. Wie von einem Kontokorrentbuchhalter erstellt. Das schlichte «1/2 Euro für jede angefangene 1/2 Stunde» hätte es vielleicht auch getan. Das wäre allerdings nur eine Approximation gewesen. Es gibt einige Abweichungen von dieser Näherung.

Die Tabelle lädt zu einer Arithmetik des Parkens ein: 8 Stunden kosten 7,40 €. Aber zweimal 4 Stunden bekommt man schon für 2 · 3,60 = 7,20 €. Einmal 7 Stunden plus 1 Stunde kosten sogar nur 7,10 €.

107. Mathematik und Schach

Filip S. Bondarenko
111 Europe Echecs 65, 04/1964

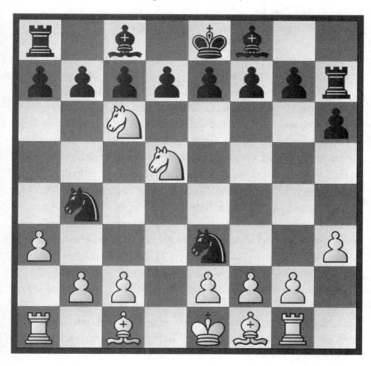

Wer kann in einem Zug matt setzen?

Ist Weiß am Zug, so gewinnt er mit 1. Sxc7 matt. Ist Schwarz am Zug, so gewinnt er mit 1 ... Sxc2 matt.

Die Problemstellung läuft also darauf hinaus, aus der Figurenstellung auf dem Brett zu erschließen, welcher der beiden Spieler in der gegebenen Situation Zugrecht hat, Weiß oder Schwarz. Doch wie soll das zwingend und eindeutig geschehen? Immerhin können jeder Springer und jeder Turm sowie auch der schwarze und weiße König fast beliebig oft gezogen haben, oder? Wie will man vor diesem Hintergrund ermitteln, welche Seite wie viele Züge ausgeführt hat, welcher Spieler am Zug ist, wer also matt setzen kann? Das ist nicht nur eine Höchstschwierigkeit: Die Aufgabenstellung scheint geradewegs unmöglich.

Von der Leichtigkeit des Unmöglichen. Die Antwort wird aber möglich durch die Anwendung eines ganz einfachen Denkwerkzeugs der Mathematik: des Paritätsprinzips. Dabei handelt es sich um das Gerade/Ungerade-Thema. Zwar bleibt es unmöglich, präzise anzugeben, welche Seite in der Diagrammposition wie viele Züge absolviert hat. Aber dieser Grad von Detailkenntnis ist genau besehen auch gar nicht nötig, um das anstehende Problem zu bewältigen. Dafür reicht es vollkommen aus, irgendwie in Erfahrung zu bringen, welche Seite mehr Züge gemacht hat als die andere oder ob beide gleich oft gezogen haben. Und dafür wiederum reicht es aus, in Erfahrung zu bringen, ob Schwarz und Weiß jeweils eine gerade Anzahl oder eine ungerade Anzahl von Zügen ausgeführt haben. Womit wir beim genannten Thema wären, dem Paritätsprinzip.

Zum einen muss bedacht werden, dass ein Springer bei jedem Zug die Farbe seines Standfeldes wechselt. Bedenkt man zusätzlich noch, dass in der Anfangsposition einer jeden Partie die beiden Springer derselben Mannschaft auf Feldern unterschiedlicher Farbe stehen, kann man damit das Paritätsprinzip aktivieren: Zusammen genommen bedeutet es, dass das weiße Springer-Duo in der gegebenen Partieposition insgesamt eine ungerade Anzahl von Zügen ausgeführt hat, denn die Springer stehen auf Feldern derselben Farbe. Insgesamt haben die weißen Figuren eine ungerade Anzahl von Zügen absolviert. Wie das?

Nun, der weiße König hat eine gerade Anzahl von Zügen ausgeführt, eventuell auch 0 Züge. Der weiße Turm auf a1 hat ebenfalls insgesamt eine gerade Anzahl von Zügen ausgeführt, der andere weiße Turm dagegen eine ungerade Anzahl. Außerdem sind zwei einzelne Bauernzüge bei Weiß geschehen. Dazu kommt noch die ungerade Zahl von Springer-Zügen. Weitere Züge mit anderen Figuren haben die weißen Streitkräfte nicht ausgeführt. Im Saldo hat damit Weiß insgesamt eine gerade Anzahl von Zügen gespielt.

Mit einer exakt analogen Argumentation kommt man anschließend zu dem Schluss, dass Schwarz insgesamt eine ungerade Anzahl von Zügen absolviert hat: eine ungerade Anzahl mit dem Springerpaar, eine gerade Anzahl mit seinem König, eine gerade Anzahl mit dem Turm auf a8, eine ungerade Anzahl mit dem Turm auf h7, eine ungerade Anzahl mit dem Bauern h6.

Da Weiß den ersten Zug in einer Partie macht, sind also zum Beispiel 20 weiße Züge geschehen und zwingend einer weniger von Schwarz oder 28 Züge von Weiß und einer weniger von Schwarz. Also immer die nächstkleinere ungerade Zugzahl von Schwarz. Das bedeutet, dass Schwarz in der Diagrammstellung notwendig am Zug sein muss. Und er ist es, der mit dem Springereinschlag auf c2 gewinnt. So einfach ist Mathematik. Manchmal.

108. Sonntagskinder und andere

Martin Gardner war ein bekannter amerikanischer Wissenschaftsjournalist, der vorwiegend über Themen der Entspannungsmathematik schrieb. Er starb am 22. Mai 2010. Nicht erst seit seinem Tod findet in unregelmäßigen Abständen ein *Gathering 4 Gardner* statt, bei dem Mathematiker, Zauberer, Rätselerfinder und Rätsellöser zusammenkommen, um sich über alles Mögliche aus dem Bereich der mathematischen Vergnügungen auszutauschen.

Bei diesen Treffen gibt es immer auch eine Vortragsserie. Der inzwischen berühmteste dieser Vorträge war ein Impromptu aus nur fünf gehaltvollen Sätzen aus dem Munde von Gary Foshee aus Issaquah bei Seattle. Er schritt zum Podium und verkündete: «Ich habe zwei Kinder und eins ist ein Junge, der an einem Dienstag geboren wurde. Wie hoch ist die Wahrscheinlichkeit, dass ich zwei Jungen habe?» Das war schon mehr als die Hälfte seines Vortrages. «Zuerst fragt man sich, was der Wochentag mit der ganzen Sache zu tun hat», fuhr Foshee fort. «Nun, er hat etwas Entscheidendes damit zu tun.» Und mit dieser mysteriösen Bemerkung verließ er die Bühne.

Diese Vergnügungsübung über Wahrscheinlichkeiten sorgte auf der Tagung für erhebliche Diskussionen. Ein Zugang zur Lösung tut sich auf, wenn man ein an sich einfacheres, aber in wichtigen Aspekten analoges Wahrscheinlichkeitsproblem durchdenkt:

Ich habe zwei Kinder. Eines davon ist ein Junge. Wie groß ist die Wahrscheinlichkeit, dass ich zwei Jungen habe?[39]

Das hätte Gary Foshee auch gesagt haben können, und manche werden denken, dass die Wahrscheinlichkeit in diesem Fall exakt dieselbe ist wie bei Foshees modifizierter Fragestellung. Man kann dieses vom Wochentag entkoppelte Problem durch Auflistung der vier möglichen Fälle angehen. Hat jemand zwei Kinder, dann sind die folgenden vier Fälle gleich wahrscheinlich:

> Mädchen, Mädchen
> Mädchen, Junge
> Junge, Junge
> Junge, Mädchen

Da wir nun aber wissen, dass mindestens eines der beiden Kinder ein Junge ist, entfällt der als Erstes genannte Fall – und nur er. Nimmt man hiervon Notiz, verbleiben noch drei gleich wahrscheinliche Fälle. Lediglich in einem dieser Fälle sind beide Kinder Jungen. Damit ist die gesuchte Wahrscheinlichkeit gleich 1/3 und nicht 1/2, wie die meisten Menschen intuitiv annehmen. In einer intellektuellen Disziplin, die mit solchen Überraschungen aufwartet wie hier die Wahrscheinlichkeitstheorie, kann man so einiges anstellen.

Gary Foshees Fragestellung bildet demgegenüber keine prinzipielle Erhöhung der Schwierigkeit. Wir können sie mit derselben

Methode angreifen. Ein gedanklicher Unterschied besteht allein darin, dass wir die Fallunterscheidung verfeinern müssen, und zwar zwecks Einarbeitung des Wochentages der Geburt in die Analyse. Schreiben wir *JDiens* für einen an einem Dienstag geborenen Jungen und andere Möglichkeiten entsprechend, dann haben wir es mit den folgenden gleich wahrscheinlichen Fällen zu tun:

– (JDiens MMon), (JDiens MDiens), (JDiens MMitt), (JDiens MDonn), (JDiens MFrei), (JDiens MSams), (JDiens MSonn)

– (MMon JDiens), (MDiens JDiens), (MMitt JDiens), (MDonn JDiens), (MFrei JDiens), (MSams JDiens), (MSonn JDiens)

– (JDiens JMon), (JDiens JDiens), (JDiens JMitt), (JDiens JDonn), (JDiens JFrei), (JDiens JSams), (JDiens JSonn)

– (JMon JDiens), (JMitt JDiens), (JDonn JDiens), (JFrei JDiens), (JSams JDiens), (JSonn JDiens).

Man sollte hier noch festhalten, dass die ersten drei Punkte je sieben Einträge besitzen, nämlich einen für jeden Wochentag. Der letzte Punkt dagegen hat nur sechs Einträge, weil der Fall (JDiens JDiens) bereits unter Punkt drei erfasst wurde. Damit haben wir den neuralgischen Punkt der Problematik herausgearbeitet.

Mit derselben Argumentation wie im einfacheren Problem können wir nun sehen, dass die Wahrscheinlichkeit für zwei Jungen unter der obigen Dienstags-Voraussetzung gleich 13/27 ist, denn genau 13 der noch infrage kommenden 27 gelisteten Fälle bestehen aus zwei Jungen. Und die Wahrscheinlichkeit ist abermals *nicht* gleich 1/2.

Ausgesprochen überraschend ist diese Antwort.

Strategien des Denkens

Strategie 10 in Li Zhous Vortrag *Problem-Solving Strategies* schlägt vor: Gönnen Sie sich einen Drink nach einer schönen Lösung.[40]

Zwei Anschlussfragen, die mit der obigen Vorgehensweise gelöst werden können, wenn auch aufwendiger:

Ich habe zwei Kinder. Eines ist ein im März geborenes Mädchen. Wie groß ist die Wahrscheinlichkeit, dass ich zwei Mädchen habe?[41]

Ich habe zwei Kinder. Eines ist ein am 4. November geborener Junge. Wie groß ist die Wahrscheinlichkeit, dass ich zwei Jungen habe?[42]

109. Die Mutter aller Disziplinen und die Großmutter

Kurzpolemik. Wahrscheinlichkeiten treiben, wie eben merklich wurde, selbst austrainierten Denkersmännern nicht selten Schweißperlen auf die Stirn. Die Wahrscheinlichkeitstheorie versucht in der wohl komplexesten Arena der modernen Mathematik Licht in das nicht unbeträchtliche Dunkel zu bringen. Auf diesem von ihr miterschlossenen Terrain ist sie innerhalb unserer leicht angejahrten Wissenschaft eine vergleichsweise in den Kinderschuhen steckende Disziplin. Nichtsdestoweniger hilft sie uns Menschen dabei, in einer Welt aus Zufall und Notwendigkeit die Ideallinie zu finden. Während die Geometrie jahrtausendealt ist, mit einem Beginn im Zeitlichen, der sich im Dunkel der Geschichte verliert – denn schon in grauer Vorzeit versuchten Menschen, Land zu vermessen und Kalender zu erstellen –, gibt es mathematische Wahrscheinlichkeitstheorie erst seit wenigen Hundert Jahren.

Als ihr Ursprung gilt ein Briefwechsel zwischen Blaise Pascal (1623–1662) und Pierre de Fermat (1601–1665) aus dem Jahr 1654, in dem die beiden schon damals berühmten Männer eine Frage des französischen Edelmanns Chevalier de Méré über ein Würfelspiel hin und her wälzten und schließlich beantworteten.

Wahrscheinlichkeitstheorie ist zur modernen Königsdisziplin der Mathematik avanciert. Damit löst sie die in Ehren ergraute Zahlentheorie ab, die dies zu Zeiten beansprucht hat. Heute ist die Zahlentheorie als Könnensform, ehrlich gesagt, old school und uncool. Dafür sind die intellektuellen Habitate der modernen Zahlentheoretiker für meinen Geschmack schon seit Jahren bei Weitem zu esoterisch und entkoppelt vom mathematischen und sonstigen Alltagsgeschäft, mit einer längst vergangenen Blütezeit wahrscheinlich um die Ära von Gauß.

Wer heute noch Zahlentheorie berufsergreifend und tagesfüllend betreibt, ist yesterdays man. Das hier die weibliche Form fehlt, liegt daran, dass es nahezu ausschließlich Männer sind, die sich dieser manchmal als Glasperlenspiel daherkommenden Aktiviät verschreiben. Die Trendsetter, die *beautiful people*, sind längst woanders hingezogen.

Alleinstellungsmerkmal

Seit dem Anfang der Wahrscheinlichkeitsrechnung hat es immer wieder strittige Probleme gegeben, also Aufgaben, die verschieden gelöst wurden, bis eine sorgfältige Analyse zeigte, welche der strittigen Parteien recht hatte. Es waren übrigens durchaus nicht zweitklassige Mathematiker, die da desavouiert wurden; zu dieser Erscheinung gibt es in der reinen Mathematik kein Analogon.

Der reine und angewandte Mathematiker Hans Freudenthal (1905–1995)

Aufs Ganze gesehen rührt daher vielleicht das Reizklima, das die Wahrscheinlichkeitstheorie säumt.

---

110. Schlauer Menschen Sätze über die Mathematik

Nicht-Nettigkeiten

Mathematik erzeugt starke Emotionen. Zugegebenermaßen sind nicht alle positiv. Mathematik polarisiert sehr stark. Tritt sie in Erscheinung, rappelt's im limbischen System. So oder so: Wer sie nicht mag, hasst sie in der Regel. Doch das ist nur die negative Hälfte des Rapports. Denn wer sie mag, mag sie in der Regel sehr intensiv. Wer ihre Nützlichkeit erkannt hat, hält die mathematische Methode für fast umfassend einsetzbar. Wer das nicht hat, fragt sich oft, wozu er den Großteil selbst schulmathematischen Wissens je wird gebrauchen können. Für ihn wird Schulmathematik nach Abschluss der Schule zu einem der biologisch am schnellsten abgebauten Stoffe. Und nicht wenige Menschen meinen, die nach der Schulzeit größer werdende Entfernung zur Mathematik nebst den einhergehenden Schweregefühlen sei doch eher zu begrüßen. Man solle ihr vielleicht auf Dauer nicht allzu nahe kommen oder sein.

Einige einschlägige Meinungsmitteilungen:

Gute Güte, Goethe

Die Mathematiker sind närrische Kerls und sind so weit entfernt, auch nur zu ahnen, worauf es ankommt, dass man ihnen ihren Dünkel nachsehen muss. Ich bin sehr neugierig auf den Ersten, der die Sache einsieht und sich redlich dabei benimmt: Denn sie haben doch nicht alle ein Brett vor dem Kopfe, und nicht alle haben bösen Willen. Übrigens wird mir dann doch bei dieser Gelegenheit immer deutlicher, was ich schon lange im Stillen weiß, dass diejenige Kultur, welche die Mathematik dem Geiste gibt, äußerst einseitig und beschränkt ist.

Johann Wolfgang von Goethe[43]

Mathematik ist die Wissenschaft, bei der man weder weiß, wovon man spricht, noch ob das, was man sagt, wahr ist.

Bertrand Russell

Dass die niedrigste aller Tätigkeiten die arithmetische ist, wird dadurch belegt, dass sie die einzige ist, die auch durch eine Maschine ausgeführt werden kann. Nun läuft aber alle analysis finitorum et infinitorum im Grunde doch auf Rechnerei zurück.

Arthur Schopenhauer

Von allen, die bis jetzt nach Wahrheit forschten, haben die Mathematiker allein eine Anzahl Beweise finden können, woraus folgt, dass ihr Gegenstand der allerleichteste gewesen sein müsse.

René Descartes

Und zum Abschluss abermals ein Wort vom Weisen aus Weimar.
Mit Mathematikern ist kein heiteres Verhältnis zu gewinnen.[44]

Johann Wolfgang von Goethe

111. Buchweisheiten

Die Aussage 1 + 1 = 2 ist gelegentlich nützlich.

A. N. Whitehead & B. Russell: *Principia Mathematica*

Spielend mehrheitsfähig dürfte auch die folgende unter dem großen intellektuellen Aufwand einer Doktorarbeit generierte Aussage sein:

Es ist bewiesen, dass das Feiern von Geburtstagen gesund ist. Statistiken zeigen, dass Menschen, die die meisten Geburtstage feiern, am ältesten werden.

Sander den Hartog, Dissertation Rijksuniversiteit
Groningen, 1978

Nur annähernd richtig liegt dagegen Ben Schott mit seiner Umwandlungshilfestellung:

Um Kilometer in Meilen umzuwandeln, multipliziere mit 0,6214; um Kilometer/h in Meilen/h umzuwandeln multipliziere mit 0,6117.[45]

Aus: *Schott's Almanac 2007*, Seite 193, Table of Conversions

112. Zahlensprech (II)

Das Walisische ist eine uralte keltische Sprache, die in Wales von etwa 750 000 Menschen gesprochen wird. Dort ist sie neben dem Englischen Amts- und Schul- und Alltagssprache. Bemerkenswert ist ihre Zahlensprechweise. Es gibt ein antiquiertes und ein reformiertes System. Das traditionelle System ist recht vertrackt. Dies belegt schon die Zahl 98, die als *zwei-neun und vier-zwanzig* in Worte gefasst wird.

Die Zahlen aufräumen. Wegen der Komplexität des Systems wurde von den Walisern schon 1850 eine modernisierte, auf dem Dezimalsystem aufbauende Sprechweise eingeführt, die noch stringenter ist als etwa das Englische; denn auch die Zahlen 11 und 12 werden im aufgeräumten Neuwalisisch konsequent als *einszehn eins* und *einszehn zwei* gebildet, Wort für Wort lauten sie *undeg un* und *undeg dau* (un = 1, dau = 2, deg = 10). In dieser neuen Zahlensyntax wird die 98 zu *naw-deg wyth*.

Erstaunlich ist, dass beide Zahlensprechweisen bis in die Gegenwart nebeneinander verwendet werden, wenn auch das moderne System mittlerweile die Oberhand zu gewinnen beginnt und jedenfalls das gebräuchlichere ist, besonders unter jüngeren Menschen.

Lyrik von jetzt

Unzweisprachigkeit

Ein älterer Forscher aus Holsten Tor,
Der dachte, es bringt seinen Status empor,
Seine Texte auf Englisch zu schreiben.
Doch er ließ es dann bleiben:
His English is broken, he canst it not more.[46]

---

113. Apps für alle (V)

Wie ist die Wahrscheinlichkeit eines Ereignisses zu schätzen, das noch nie passiert ist?

Eine gute Orientierung gewinnt man mit der Faustregel:

Wenn in einer Serie von n Versuchen nie ein Ereignis eingetreten ist, dann können Sie zu 95 % sicher sein, dass das Ereignis eine Wahrscheinlichkeit p von nicht mehr als 3/n hat.

Das ist die Dreier-Regel. Sie ist elementar, leicht verständlich und zudem spannbar vor jedes Pferd. Nun zur Produktinformation.

Veranschaulichen wir die Regel an zwei realen Verhältnissen.

Wenn Sie ein Buchmanuskript Korrektur lesen und Sie finden nach der Lektüre der ersten 25 Seiten 13 Druckfehler, dann können Sie die Wahrscheinlichkeit, dass eine gegebene Seite mindestens einen Druckfehler aufweist, für dieses Manuskript mit $13/25 = 0,62$ abschätzen. Doch angenommen, Sie finden auf den ersten 25 Seiten gar keinen Druckfehler, wären Sie dann bereit, die Wahrscheinlichkeit für einen Druckfehler auf einer Seite analog mit $0/25 = 0$ zu veranschlagen? Das liefe darauf hinaus anzunehmen, dass das ganze Buch keinen einzigen Druckfehler enthält.

Ein anderes Beispiel: Ein neu entwickeltes Medikament wird am Markt getestet. Unter den ersten 25 Versuchspersonen wurden in keinem einzigen Fall Nebenwirkungen beobachtet. Dennoch sollte man daraus nicht schließen, dass die Wahrscheinlichkeit für Nebenwirkungen bei diesem Medikament 0 ist. Die obige Dreierregel schätzt unter diesen Umständen die Wahrscheinlichkeit p für das Auftreten von Nebenwirkungen bei einem gegebenen Patienten durch den Wert $p = 3/25 = 0,12$ und teilt darüber hinaus mit, man könne sogar 95 % sicher sein, dass das wahre unbekannte p nicht größer ist als dieser Wahrscheinlichkeitswert.

Aufgrund welcher Sonderkompetenzen können Mathematiker zu solchen Aussagen über das nie Geschehene kommen?
Beginnen wir diese Nachbearbeitung mit der Überlegung, wie groß die Wahrscheinlichkeit für *keine* registrierten Nebenwirkungen bei allen 25 Versuchspersonen wäre, wenn die Wahrscheinlichkeit p für Nebenwirkungen bei einer jeden Person zum Beispiel bei 0,03 läge. Die Wahrscheinlichkeit für keine Nebenwirkungen bei einer Person wäre dann also 0,97 und die Wahrscheinlichkeit für keine Nebenwirkungen bei 25 Personen läge bei $0,97^{25} = 0,47$. Als Zwischenfazit können wir festhalten, dass

eine Wahrscheinlichkeit von 0,03 für Nebenwirkungen bei jeder einzelnen Person ziemlich konsistent ist mit dem Auftreten von 0 Nebenwirkungen bei 25 Patienten.

Anders ist es, wenn wir etwa eine Wahrscheinlichkeit von 0,3 für Nebenwirkungen bei jeder einzelnen Person annehmen. Dann ist die Wahrscheinlichkeit für 0 Fälle von Nebenwirkungen in 25 Behandlungsfällen lediglich $0,7^{25}$ = 0,00013. Die Winzigkeit dieses Wahrscheinlichkeitswertes berechtigt uns zu der Schlussfolgerung, dass ein Auftreten gar keiner Nebenwirkungen bei 25 Patienten nicht konsistent ist mit einer angenommenen Wahrscheinlichkeit von 0,3 für Nebenwirkungen pro Person. Es wäre dann ein extrem unwahrscheinliches Ereignis eingetreten.

Wann können wir für unsere Schätzung der Wahrscheinlichkeit p eine Sicherheit von 95 % veranschlagen? Grob und etwas flapsig ausgedrückt, kann man das so verstehen, dass der wahre, aber unbekannte Wert von p mit diesem Grad von 95 %iger Sicherheit nicht größer ist als ein von uns geschätzter Wert: Diesen erhalten wir, wenn wir den Bereich der Werte für p so wählen, dass für alle p in diesem Bereich die Wahrscheinlichkeit für 0 Fälle von Nebenwirkungen in n Fällen mindestens 100 % – 95 % = 5 % oder mehr ist. Das größte p als ein Schwellenwert ergibt sich dann aus der Gleichung $(1 - p)^n$ = 0,05, also aus $1 - p = 0,05^{1/n}$. Für n > 25 kann dies angenähert werden durch 1 – p = 1 – 3/n, woraus sofort p = 3/n resultiert.

Vielleicht ist das ja schon mehr, als Sie wissen wollten. Immerhin und wenigstens ist es ein nützliches, wenn auch weichgespültes Plausibilitätsargument für die Dreier-Regel.

Und wir testen sie sogleich am lebenden Objekt:

Herr K ist eine ganze Woche lang jeden Tag mit der Bahn schwarzgefahren, ohne kontrolliert zu werden. Wie wahrscheinlich ist es, dass er auch am nächsten Tag nicht erwischt wird?

Antwort: Mit 95 %iger Sicherheit ist die Wahrscheinlichkeit nicht größer als 3/7.

Für Denker, Antidenker und Denker a. D.

Mein Beitrag zur Theorie der Meinungsvielfalt

Hesse'scher Vollständigkeitssatz: Für jede denkbare Fragestellung und für jede mögliche Antwort darauf, unabhängig davon, wie abstrus sie ist, gibt es irgendwo jemanden, der sie zu seiner Meinung gemacht hat.

Reicht das aus, um mich für Sie in lebenden Gesprächsstoff zu verwandeln? Schade.

Aber vielleicht noch ein Korollar gefällig?

Für jeden Denker und sein Gedachtes gibt es einen, der die genaue Gegenposition denkt.

114. Mathematische Lyrik

Mit schönen Gedichten wie den folgenden werden Sie in einer Late-Night-Show wohl kaum der Publikumsmagnet sein, doch können Sie damit auf so manchem Lyriker-Kongress Ehre einlegen und sich als heißer Tipp für Stehpartys von Nonkonformisten empfehlen.

0,1 Periode

Du wiederholst dich wie ein Bruch,
der bis zum Grenzwert, dem er gleicht,
nicht kommen kann, du unterbrichst
dich selbst in dem, was du erreicht,
weil Sterben niemals ganz geschieht
gegenüber dem Nichts.

Gerrit Achterberg

Sonett an das Tesserakt

So stark und fein gewirkt, Phantom der Welt,
erfinderisch ersonnen, Tesserakt,
du gründest unbegreiflich einen Pakt,
wo Wahn sich zu Vernunft hinzugesellt.

Wer hat denn je dich bildlich vorgestellt,
wie wird aus deiner Möglichkeit ein Fakt?
Was ist zu tun, dass deine Welt exakt
und dichtgefügt in das Reale fällt?

Gibt's einen, der dein Dasein recht versteht,
du Traum von delirierendem Verstand,
wo fühllos jeder Rest Gefühls vergeht?

Dem Geist des Menschen bist du unverwandt
und doch: dein herrenloses Wesen steht
für seine Kraft und ist ihr Unterpfand.

Josep M. Albaigès

115. Selbstbezügliche Sätze (II)

Der Prototyp und gleichzeitig die ultimative Version eines minimalistischen selbstbezüglichen Satzes ist es, wenn ich behaupte:

Was ich soeben behaupte, ist falsch!

Dieser Satz lässt erkennen, dass die Deutung von Selbstbezüglichkeiten tricky sein kann. Die Kalamitäten mit ihnen kann man, einem Höhepunkt entgegensteuernd, sogar noch weiter treiben: Der Mathematiker Bernhard Bolzano hat sich mit der Verneinung selbstbezüglicher Behauptungen befasst und angemerkt, dass bei diesen nochmals gesteigerte Vorsicht geboten ist. Das sieht man an diesem Beispiel:

(1) Die Anzahl der Wörter, aus welchen dieser Satz, den ich soeben ausspreche, besteht, ist sechzehn.

Durch einfaches Abzählen kommt man sofort zu dem Schluss, dass dieser Satz eindeutig falsch ist, denn er enthält keineswegs 16 Wörter, wie er von sich selbst behauptet, sondern nur 15.

Wie steht es nun aber um die Verneinung dieses Satzes? Bei vielen Aussagen wird deren sprachliches Gegenteil gebildet, indem das

Prädikat des Aussagesatzes durch das Wort *nicht* verneint wird. Im vorliegenden Fall gelangen wir damit zu der Behauptung:

> (2) Die Anzahl der Wörter, aus welchen dieser Satz, den ich soeben ausspreche, besteht, ist nicht sechzehn.

Doch kurioserweise ist auch dieser Satz falsch, denn er besteht ja tatsächlich aus 16 Wörtern.

In Form von Aussage und Antiaussage haben wir zwei eindeutig falsche Sätze vorliegen. Es ist eine Situation, die ohne Rest in völliger Orientierungslosigkeit aufgeht. Sie bringt scheinbar die ganze aristotelische Logik zum Einsturz, nach der das genaue Gegenteil einer falschen Aussage zwingend eine wahre Aussage ist.

Glücklicherweise kann man die aristotelische Logik gegen diesen Frontalangriff mit selbstbezüglichen Sätzen retten, indem man sich davon überzeugt, dass die Sätze (1) und (2) nicht im Verhältnis *Aussage* und deren *Gegenteil* zueinander stehen. Diesen Weg hat denn auch Bolzano beschritten. Er argumentiert wie folgt:[47] Der sprachliche Ausdruck «dieser Satz, den ich soeben ausspreche» in obigem Satz (1) führt zur Selbstbezüglichkeit und bezieht sich offenkundig auf ebendiesen Satz (1). Dieser sprachliche Ausdruck bezieht sich jedoch nicht auf den Satz (2). Damit kann Satz (1) auch nicht die Negation von (2) sein. Bolzano sagt also, bei Licht besehen, dass Sprache unterschiedliche Regeln habe zur Bildung des Gegenteils von selbstbezüglichen und von nichtselbstbezüglichen Sätzen.

Und was ist mit unserem früheren Satz: «Was ich soeben behaupte, ist falsch»? Nach Bolzano ist das genaue Gegenteil dieses Satzes nicht der Satz «Was ich soeben behaupte, ist nicht falsch» bzw., was dasselbe ist, «Was ich soeben behaupte, ist richtig». Sondern vielmehr die logische Trivialität: «Was ich soeben behaupte, das behaupte ich.» Und das ist keine mentale Pirouette mehr. Die Paradoxien heben einander durch Negation auf, zurück bleibt ein Satz ohne Eigenschaften.

Nicht-Selbstbezügliches aus der Biologie

Berechtigte Frage:

Warum verdaut der Magen sich nicht selbst?

Das gefragt, kommt mir eine weitere logische und bio-logische Frage in den Sinn: Der Magen verdaut alles, was sich nicht selbst verdaut. Verdaut der Magen sich selbst oder nicht?

Fact Box

Rekursiver Selbstbezug im Alltag

Herr K war enttäuscht darüber, dass sich im Hotel kein Briefkasten für Anregungen fand, da er gern die Anregung eingeworfen hätte, einen derartigen Briefkasten anzubringen.

Der Vorsitzende eines Logiker-Clubs gab zu bedenken: «Sollen wir nicht, bevor wir abstimmen, ob abgestimmt werden soll, darüber abstimmen, ob wir darüber abstimmen, ob abgestimmt werden soll?»

Lewis Carroll erfand die mythische Insel, deren Bewohner sich mühsam ihren Lebensunterhalt verdienten, indem sie wechselseitig füreinander als Wäscher arbeiteten.

Abbildung 34: Ein Circulus virtuosus

Selbstbezüglichkeits-Debakel

Eine sich selbst listende Liste? Bei Wikipedia gibt es eine Liste aller Listen, die nur einen einzigen gelisteten Eintrag haben. Was passiert mit dieser Liste *nach* dem ersten Eintrag?

Ist das nicht eine schöne, neue, listenreiche Paradoxie des Internets? Ein echter Hirnverzwirner? Jedenfalls würde man ihr mit der Bezeichnung Niedrigwert-Paradoxon unrecht tun!

Paradoxes auf den Punkt gebracht

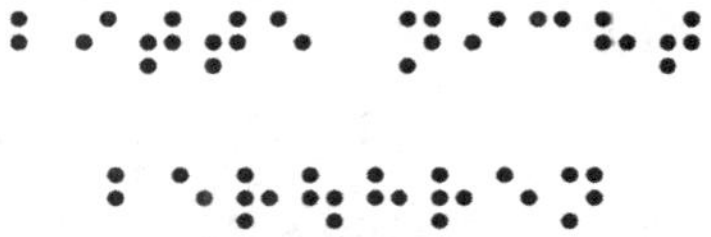

Abbildung 35: «Bitte nicht berühren». Aufschrift in Braille, entdeckt auf einem Kunstwerk von Timm Ulrichs

Wenn man's versteht, ist es zu spät.

---

116. Unendliche Erwartungen

Unter dieser Überschrift wird es etwas expertöser als über weite Strecken zuvor. Aber nur ein wenig, denn wir bleiben spielerisch. Nun denn:

a. Das St. Petersburger Spiel
Sie werfen eine Münze so lange, bis erstmals Kopf kommt. Geschieht dies mit dem n-ten Wurf, so zahle ich Ihnen 2^n Euro als Gewinn. Also, wenn zum Beispiel erstmals mit dem dritten Wurf Kopf erscheint, erhalten Sie 8 Euro. Welchen Geldbetrag wären Sie bereit, mir als Teilnahmegebühr an diesem Spiel zu entrichten?

Dies ist ein ganz und gar kurioses Spiel. Denn die durchschnittliche Auszahlung überschreitet jede mögliche endliche Zahl, ist also unendlich groß. Das sieht man durch eine leicht zugängliche Wahrscheinlichkeitskalkulation: Wie groß ist die Wahrscheinlichkeit, dass Kopf erstmals im n-ten Wurf erscheint? Dieses Ereignis tritt ein, wenn auf eine Abfolge von genau (n − 1) Zahlwürfen ein Kopfwurf folgt. Somit ist die Wahrscheinlichkeit dafür gleich $(1/2)^n$.

Meine Auszahlung an Sie beträgt in diesem Fall 2^n Euro. Um die durchschnittliche Auszahlung zu bestimmen, muss man das mit den Wahrscheinlichkeiten gewichtete Mittel aller möglichen Auszahlungen errechnen. Es ist

$$1/2 \cdot 2 + 1/4 \cdot 4 + 1/8 \cdot 8 + \ldots + (1/2)^n \cdot 2^n \ldots = 1 + 1 + 1 \ldots = \text{unendlich.}$$

Alles klar? Gut, dann bin ich's zufrieden.

Die durchschnittliche Auszahlung ist zwar unendlich groß und dennoch sind die meisten Menschen, Sie wahrscheinlich eingeschlossen, wohl nicht bereit, mehr als 8 bis 10 Euro als Teilnahmegebühr zu entrichten.

b. Das Stuttgarter Spiel

Sie werfen eine Münze so lange, bis die Anzahl der Kopfwürfe erstmals gleich der Anzahl der Zahlwürfe ist. Geschieht dies mit dem 2n-ten Wurf, so zahle ich Ihnen 2n Euro als Gewinn aus. Welchen Geldbetrag wären Sie bereit, mir als Teilnahmegebühr für dieses Spiel zu bezahlen?

Auch hier ist der Erwartungswert der Anzahl der benötigten Würfe und damit die von Ihnen erwartete Auszahlung unendlich groß. Sich davon zu überzeugen ist ein wenig vertrackter und erfordert mehr Aufwand. Deshalb erspare ich Ihnen die Beweiszuschauerei.

Trotz unendlicher Gewinnerwartung sind auch hier die meisten Menschen nicht bereit, mit einer Teilnahmegebühr von mehr als 8 bis 10 Euro in das Spiel einzutreten.

Beide Spiele zeigen: Eine naive Spieltheorie, die den durch-

194

schnittlichen Gewinn als Entscheidungsgrundlage verwendet, ist zum Scheitern verurteilt. Die meisten Menschen orientieren sich bei Entscheidungen und Einschätzungen intuitiv nicht am erwarteten Gewinn. Man kann das Paradoxon auflösen, wenn man vom Erwartungswert zur sogenannten Nutzenfunktion übergeht, welche die Präferenzen der Menschen gegenüber Geld oder Güterbündeln besser beschreibt: Ein doppelt so großer Gewinn verschafft nicht die doppelte Befriedigung.

117. Das tausendmal tolle Theorem

Es ist nicht ganz leicht und vielleicht sogar schwer, genau zu quantifizieren, wie unterschiedlich zwei Beweise für ein und dieselbe Tatsache sein müssen, damit man sie als voneinander verschiedene Beweise ansehen kann. Insofern ist es meist unmöglich, die genaue Anzahl verschiedener Beweise eines Theorems anzugeben. Dennoch wird das Theorem von Pythagoras in der Regel als die mathematische Aussage angesehen, welche die meisten verschiedenen Beweise für sich reklamieren kann. In einem Buch von Elisha Scott Loomis[48] sind zwar nicht 1000, aber doch 367 Beweise gesammelt, die so verschieden voneinander sind, dass der Autor es als angebracht ansah, jeden explizit darzustellen.

Abbildung 36: «Jeder benutzt dein Theorem, Pythagoras. Ich hab dir ja gesagt, du hättest es patentieren lassen sollen.» Cartoon von Sidney Harris

Mein Lieblingsbeweis des Theorems von Pythagoras ist ein Stück Action-Mathematik in künstlerischer Letztform, das man als Altmathematiker oder Neubegeisterter mit Vergnügen unter Glas aufbewahren kann:

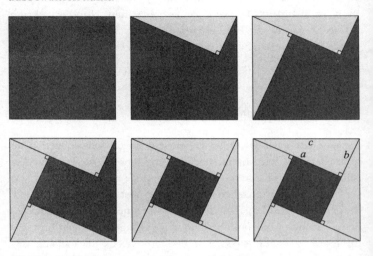

Abbildung 37: Visueller Beweis des Satzes von Pythagoras

Es reicht bereits, der Bildsequenz noch ein weniges hinzuzufügen: Im letzten Bild sieht man vier gleich große Dreiecke, die um ein kleines Quadrat angeordnet sind und als Puzzle mit fünf Teilen das große Quadrat bilden. Die Dreiecke haben den Flächeninhalt von ab/2, das kleine Quadrat von $(a-b)^2$ und das große Quadrat von c^2. So gelangt man zu

$$4(ab/2) + (a-b)^2 = c^2$$

und daraus ergibt sich die bekannte Jahrtausend-Formel durch Ausmultiplizieren von $(a-b)^2$:

$$a^2 + b^2 = c^2$$

118. Kontraintuitiv

Bei jedem Fußballspiel ist die Wahrscheinlichkeit, dass unter den 23 Hauptbeteiligten (22 Spieler nebst 1 Schiedsrichter) zwei denselben Geburtstag haben, ziemlich genau 50 Prozent, wie die Chance für Kopf beim Münzwurf.

Diese Wahrscheinlichkeit von 50 Prozent scheint intuitiv viel zu hoch zu sein, oder anders gewendet: Die geringe Zahl benötigter Personen für eine derart hohe Wahrscheinlichkeit von 50 Prozent für mehrfaches Auftreten eines Geburtstags ist erstaunlich.

Jedoch: Im Kader der Deutschen Fußballnationalmannschaft für die WM 2006, der ebenfalls 23 Personen umfasste, hatten Christoph Metzelder und Mike Hanke am selben Tag Geburtstag (am 5. November).

Matthews and Blackmore haben 1995 im Rahmen einer Studie Universitätsstudenten nach ihrer Schätzung für diese Problemstellung gefragt:

Wie viele Personen benötigt man, damit die Wahrscheinlichkeit, dass unter ihnen mindestens zwei denselben Geburtstag haben, etwa 50 Prozent ist?

Die angegebenen Zahlen variierten um den mittleren Wert 385 (statt des richtigen Wertes 23). Die Anzahl wird also von vielen Menschen eklatant überschätzt. Dabei sind Schätzwerte oberhalb von 365, der Zahl der Tage eines Jahres, sogar unsinnig, denn dann ist es 100 % sicher, dass mindestens ein Geburtstag mindestens zweimal auftritt.

Ähnlich kontraintuitiv, jedoch in entgegengesetzter Richtung erstaunlich ist die richtige Antwort auf die Frage:

Wie viele Menschen zusätzlich zu Ihnen selbst sollten sich in einem Raum befinden, so dass mit mehr als 50 %iger Wahrscheinlichkeit einer davon Ihren Geburtstag besitzt?

Die Antwort lautet jetzt 253 Personen. Die meisten Menschen denken hier eher an Personenzahlen in der Nähe von 180. In dieser Situation wird also der richtige Wert gemeinhin überschätzt.

119. Mathematiker for President

Mathe-Studium schützt vor Präsidentschaft nicht: Ausgewählte Fälle:

- James Garfield (1831–1881), Präsident der USA vom 4. März 1881 bis zu seinem Tod am 19. September 1881. Er studierte am Williams College in Massachusetts Mathematik und war vor seiner Karriere als Politiker Mathematikdozent. Er publizierte 1876, als er bereits Kongressabgeordneter war, einen eigenen Beweis des Satzes von Pythagoras. Garfield starb an den Folgen eines Attentats durch einen psychisch kranken, vormals abgewiesenen Bewerber um ein Amt im Präsidentenbüro.

- Eamon de Valera (1882–1975), Präsident von Irland von 1959–1973, studierte am Blackrock College in Dublin Mathematik und war später an verschiedenen irischen Hochschulen als Professor für Mathematik tätig, unter anderem am Belvedere College und am Rockwell College.

- Corazon Aquino (1933–2009), Präsidentin der Philippinen von 1986–1992, studierte am Mount St. Vincent College in den USA Mathematik und Französisch. Nach ihrem Bachelor-Abschluss 1953 strebte sie die Lehrerlaufbahn an, doch übte sie diesen Beruf nach ihrer Heirat mit dem bekannten philippinischen Politiker Benigno Aquino nicht aus. Als ihr Mann einem Attentat zum Opfer fiel, engagierte sie sich in der Oppositionsbewegung gegen den Diktator Ferdinand Marcos, der es letztlich gelang, Marcos zu stürzen und freie Wahlen durchzusetzen, in denen Aquino zum Staatsoberhaupt gewählt wurde.

- Alberto Fujimori (* 1938), Präsident von Peru von 1990–2000, studierte Mathematik an der Universität von Wisconsin-Milwaukee (USA) und erlangte dort 1969 den Abschluss Master of

Science. Er war der Sohn japanischer Eltern, die 1934 nach Peru gezogen waren. Durch eine politische Fernsehserie wurde er in den 1980er Jahren einem breiten Publikum bekannt. Auf der Basis dieser Popularität gründete er eine eigene Partei, als deren Spitzenkandidat er 1990 bei den Präsidentschaftswahlen antrat und in einer Stichwahl gegen den Schriftsteller Mario Vargas Llosa als klaren Vorabfavoriten gewann.

– Dr. George Saitoti (* 1944), Vizepräsident von Kenya von 1989–1997 und von 1999–2002, studierte an der Brandeis-Universität (USA) und später an der Universität von Warwick (Großbritannien), wo er 1971 einen Doktortitel in Mathematik erwarb. Seine Doktorarbeit auf dem Gebiet der Algebraischen Topologie trägt den Titel *Mod-2 K-Theory of the Second Iterated Loop Space on a Sphere.*

120. Statistisch Signifikantes (I)

Statistisch signifikant bedeutet «per Zufall allein nur wenig wahrscheinlich». Statistisch signifikante Unterschiede zwischen Beobachtungen sind nur mit einer geringen Wahrscheinlichkeit allein auf das Wirken des Zufalls zurückzuführen, sondern weisen auf einen realen Effekt hin.

Hier eine kleine Sammlung statistisch signifikanter Effekte:

Das Auto und du
Der sicherste Platz im Auto hinsichtlich der größten Wahrscheinlichkeit, bei einem Autounfall zu überleben, ist hinten in der Mitte.
(Schade, als Fahrersitz leider nicht geeignet.)

Achtung, Montag
Der gefährlichste Arbeitstag hinsichtlich der größten Wahrscheinlichkeit von Arbeitsunfällen ist der erste Tag der Woche, Montag, bzw. generell der erste Arbeitstag nach einer Pause.

(Leider ist der erste Arbeitstag nach einer Pause prinzipiell nicht abschaffbar, es sei denn, man legt die Arbeit insgesamt nieder.)

May is okay
Der sicherste Monat für US-Präsidenten ist der Monat Mai. Kein amerikanischer Präsident starb bisher, weder natürlichen noch unnatürlichen Todes, in diesem Monat.

Der Donnerstags-Blues
US-Wissenschaftler haben mehrere Millionen von Twitter-Meldungen analysiert und dabei herausgefunden, dass die Menschen im Mittel donnerstags am schlechtesten gelaunt sind.

Call me Kate
Kühe, denen ein Name gegeben wird, geben mehr Milch.
(Und noch mehr Milch geben sie statistisch erwiesenermaßen, wenn man im Kuhstall Musik von Bach spielt. Das jedoch ist höchstwahrscheinlich nicht der Grund, warum Bach sie komponiert hat.)

Berufsberatung für werden-wollende Töchter-Väter
Sowohl Taucher als auch Astronauten zeugen deutlich häufiger Töchter als Söhne.

Kollateralschaden
Nach Kriegen werden mehr Jungen als Mädchen geboren.

Den Männern auf die Finger geschaut

Craig Robert von der schottischen Stirling-Universität und Camille Ferdenzi vom Schweizer Zentrum für Affektive Wissenschaften in Genf haben herausgefunden, dass Männer, deren Ringfinger länger sind als ihre Zeigefinger, unbewusst dieser Tatsache wegen von Frauen höhere Attraktivitätsscores erhalten und ganz generell beim anderen Geschlecht besser ankommen. Nicht nur das: Auch machen Börsianer mehr Profit, wenn ihre Ringfinger länger als ihre Zeigefinger sind. Aufgrund anderer Studien ist das Wachstum und damit die Länge des Ringfingers abhängig von der Konzentration des Sexualhormons Testosteron im Blut. Schlechte Nachrichten für Mathematiker und Physiker. In den harten Wissenschaften sind laut Untersuchungen von Dr. Mark Brosnan (Universität Bath) die Zeigefinger der männlichen Wissenschaftler mindestens so lang wie die Ringfinger.

121. Statistisch Signifikantes (II)

Wir geben eine weitere Liste von Effekten, die in diversen Studien als statistisch signifikant ermittelt worden sind:

- Wer regelmäßig mit Kollegen nach der Arbeit zum Trinken geht, der verdient im Durchschnitt 17 Prozent mehr.
- Kinobesucher verzehren beim Betrachten trauriger Filme mehr Popcorn als beim Betrachten von lustigen Filmen.
- Frauen mit Hauptschulabschluss haben beim Sex im Schnitt nur halb so oft einen Orgasmus wie Frauen mit höherer Schulbildung.
- Beginnen die Vornamen beider Partner mit demselben Buchstaben, ist ihre Beziehung stabiler.
- Bei Siegen ihrer Mannschaft randalieren Fußballfans deutlich häufiger als bei Niederlagen.
- Werden im Fernsehen bei Sendungen Streichinstrumente eingesetzt, sinken die Einschaltquoten merklich.
- Männer fallen deutlich öfter aus dem Bett als Frauen.

122. Murphyologie

Löffelweise Weisheit. Murphys Gesetz geht auf den amerikanischen Ingenieur Edward Aloysius Murphy jun. (1918–1990) zurück, der Mitte des letzten Jahrhunderts als Captain bei der Air Force arbeitete. Ein Statement über menschliches Fehlverhalten machte ihn weltberühmt: «Wenn es mehrere Möglichkeiten gibt, eine Aufgabe zu erledigen, und eine davon in einer Katastrophe endet oder andere unerwünschte Konsequenzen hat, dann wird es jemand genau so machen.»

Dieser Satz, 1949 von Captain Murphy in die Freiheit entlassen, hat in den darauf folgenden Jahrzehnten bis heute zigdutzend Varianten motiviert: Im Kern sagen sie alle, dass von Natur aus nichts je zufriedenstellend funktioniert. Oder im Umkehrschluss: Wenn je alles perfekt läuft, dann ist irgendwas faul.

Murphys Gesetz, temporale Version:
Alles dauert länger, als man denkt.
Nichts wird je nach Termin oder innerhalb des Budgets fertiggestellt.

Murphys Gesetz, rekursive Version:
Alles dauert länger, als man denkt, selbst wenn man dies schon berücksichtigt hat.

Murphys Gesetz, wahrscheinlichkeitstheoretische Version:
Die Wahrscheinlichkeit eines Geschehens steht im umgekehrten Verhältnis zum Wunsch seines Eintretens.

Murphys Gesetz, thermodynamische Version:
Alles wird schlimmer unter Druck.

Murphys Gesetz, symmetrische Version:
Befindet sich der Feind in Reichweite, so gilt das auch für dich.

Jetzt ist es Zeit, auch die weniger pessimistische Gegenströmung zu Wort kommen zu lassen:

Optimistische Umkehrung von Murphys Leitsatz:
Anti-Murphy (1):
    Was schiefgehen kann, kann auch gelingen.
Anti-Murphy (2):
    Ist es dumm und funktioniert, dann ist es nicht dumm.

Oder noch schlichter und noch besser formuliert von einer Radikalsimplifiziererin der Talkshowistik und verwandter Formate:

Nina Ruges Anti-Murphy-Maxime:
Alles wird gut.

123. Noch mehr Gesetze

Sprüche, Sprüche. Murphy hat uns augenzwinkernd mit einer Grundwahrheit versorgt, die in die Alltagsfolklore fast aller Kulturen eingegangen ist. Er war nicht der Einzige, nicht der Erste und nicht der Letzte, der uns mit dienlichen Gedankensplittern in Schmunzelform bedacht hat. Hier ist eine kleine Kollektion ratsamer Ratschläge für fast alle Fälle der Welt:

Lores Law:
Regel von der Aufwandsreduktion: Hast du eine aufwendige Aufgabe, gib sie an einen Faulpelz. Er wird einen einfachen Weg finden, damit fertig zu werden.

Gordons Gesetz:
Erster Hauptsatz allen Tuns: Wenn eine Tätigkeit es nicht wert ist, getan zu werden, dann ist sie es auch nicht wert, gut getan zu werden.

Ahlskogs Axiom:
Gesetz von der Schließlage allen Lustgewinns: Neunzig Prozent aller Lebenserfahrungen sind unterdurchschnittlich zufriedenstellend.

Und für das Umschlagen von Quantität in Qualität vermerken wir:

Letztes Postulat von Linus Pauling:[49]
Der beste Weg eine gute Idee zu haben besteht darin, viele Ideen zu haben.

124. A la recherche du temps perdu

Wo ist der Tag, der 3. 9. 1752 heißt?

Im September 1752 fand der Übergang vom Julianischen zum Gregorianischen Kalender statt. Eigentlich war es ein Sprung, denn es folgte auf Mittwoch, den 2. September, sofort Donners-

203

tag, der 14. September. Zwölf Tage gingen kalendarisch im zeitlichen Nirgendwo unter. Ist es berechtigt zu sagen, dass dieses Tages-Dutzend von der Wirklichkeit nicht verwirklicht wurde? Es war der kürzeste September aller Zeiten:

September 1752

So	Mo	Di	Mi	Do	Fr	Sa
		1	2	14	15	16
17	18	19	20	21	22	23
24	25	26	27	28	29	30

Das bringt mich auf die Idee, Ihnen noch ein mathematisches Kalenderblatt zu entwerfen:

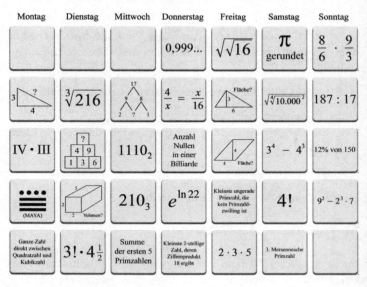

Abbildung 38: Ein Kalenderblatt der anderen Art

125. Links-rechts-Asymmetrie

Amputativer Kunstfehler

Im Bezirkskrankenhaus von St. Johann, Tirol, wurde am 16. Juni 2010 einer 90-jährigen Frau ein Bein amputiert. Die Patientin litt an einer starken Gefäßerkrankung, die den Eingriff nötig machte. Fatalerweise wurde der Frau aber nicht das kranke, sondern das andere, vollkommen gesunde Bein unterhalb der Hüfte entfernt. Als das Fiasko auffiel, mussten die Ärzte wenige Tage später abermals aktiv werden und amputierten der Frau auch noch das andere Bein. Das Krankenhaus erstattete Selbstanzeige. Ein Chirurg wurde suspendiert und die Staatsanwaltschaft ermittelt wegen fahrlässiger Körperverletzung.

Das Links-rechts-Thema

UPS-Lieferfahrer in den USA haben aus Zeit- und Kostenspargründen die Anweisung, nicht links abzubiegen. Das ermöglicht uns auf schwierigem Terrain eine einfache Merkregel: Rechts ist da, wohin der UPS-Fahrer abbiegt.

Der Mensch hat eigentlich einen Drall nach links. Bei rund 98 % der Supermärkte ist der Eingang rechts und man läuft linksherum zur Kasse, ebenso wird auf der Tartanbahn im Stadion gegen den Uhrzeigersinn gelaufen und Karussells drehen sich nach links. Auch Menschen, die sich in der Wüste verirrt haben, driften nach links.

Gerüche riechen in der rechten Nasenhälfte anders als in der linken.

Vorschlag zur Selbst-Experimentation: Durch welche Ihrer Nasenhälften riecht die Welt besser?

Auch ein Sturz der Parität:
95 % der Babys lutschen lieber am rechten Daumen als am linken.

126. Oben-unten-Asymmetrie

Richtungssinnliches Debakel

Die Rheinbrücke bei Lauffen wurde 2003 von der schweizerischen und der deutschen Seite gleichzeitig begonnen. An sich kein Grund zur Besorgnis. Doch Schweizer Ingenieure eichen Höhenangaben auf das Mittelmeer als Referenzpunkt, während sich deutsche Ingenieure auf die Nordsee beziehen. Am Rhein bei Lauffen ergibt sich daraus die Notwendigkeit einer Korrektur von 27 cm beim Wechsel der Bezugssysteme. Das ist wohlbekannt, altgewohnt und eigentlich kein Problem. Der notwendige Abgleich wurde aber bei der Rheinbrücke in die falsche Richtung umgesetzt. Als die beiden Brückenarme aufeinander zuwuchsen, war irgendwann ein Höhenunterschied von 54 Zentimeter zwischen ihnen nicht länger zu verkennen.

Abbildung 39: Fehlschlag beim Brückenschlag: nicht nur vertikal, sondern auch seitwärts unpässlich.[50]

127. Ein Passwort prüfen, ohne dass man es kennt

Wenn Sie mit einem Bankautomaten kommunizieren wollen, dann benötigen Sie zuallererst eine Karte, die Ihren Namen gespeichert hat, und ein Passwort. Wenn Ihr Passwort geheim gehalten wird, dann ist das ein sicheres Verfahren. Doch wenn der Bankautomat das Passwort speichern würde, dann könnte zum Beispiel der Programmierer des Bankautomaten das Passwort in Erfahrung bringen und damit allerlei Schindluder treiben.

Sicherer ist es also, wenn der Bankautomat das Passwort nicht speichert und nicht kennt. Wie aber kann ein Bankautomat ein Passwort auf Richtigkeit überprüfen, wenn er es nicht kennt?

Mathematik macht's möglich. Es geht zum Beispiel folgendermaßen: Das Passwort sei eine 200-stellige Primzahl p_1. Das ist natürlich unpraktisch, doch es geht hier nur darum, die Methode vom Prinzip her zu erläutern. Wenn der Kunde das Passwort anfangs selbst auswählt, bestimmt er auch noch eine weitere Primzahl p_2 mit 201 Stellen, bildet das Produkt m = $p_1 \cdot p_2$ und teilt der Bank nur dieses Produkt m mit. Wenn der Kunde dann später zwecks beabsichtigter Geldentnahme sein Passwort p_1 eingibt, prüft der Bankautomat lediglich, ob p_1 ein Teiler von m ist. Wenn das der Fall ist, wird p_1 als Passwort akzeptiert. Hinsichtlich des expliziten Kundenpassworts ist das Verfahren ein Nullinformationserzeugnis. Es liefert keine Information über p_1.

Dem Computer des Bankautomaten bereitet es übrigens keine Mühe, eine rund 400-stellige Zahl durch eine 200-stellige Zahl zu dividieren. Der umgekehrte Vorgang der Primzahlzerlegung einer so großen Zahl m – zwecks Ermittlung des Passworts p_1 – ist dagegen selbst für gigabyteschnelle Größtrechner unmöglich durchzuführen. Also ist das ein sicheres Verfahren der Authentifizierung des Passwortinhabers ohne Offenbarung entscheidender Information. Im Kenneridiom sagt man dazu Zero-knowledge-Verfahren.

128. Zeichensprache

Mathematik ist Zeichensprache. Das wichtigste Zeichen der Mathematik ist das Gleichheitszeichen:

=

Es wurde 1557 vom walisischen Mathematiker Robert Recorde in seiner Schrift *The Whetstone of Witte* eingeführt. Gottfried Wilhelm Leibniz machte dieses neue Symbol später auf dem europäischen Kontinent populär.

Die bildpostkartenschöne Symbolik

:-)

geht auf den Informatikprofessor Scott E. Fahlman von der Carnegie-Mellon-Universität zurück, der sie 1982 erstmals benutzte. Sie hat sich fast weltweit durchgesetzt. Aber nur fast. Wenn Japaner in E-Mails Freude ausdrücken wollen, tun sie das mit den Zeichen

∧_∧

---

129. Permutationspoetik

Permutieren bedeutet in der Mathematik: umstellen oder vertauschen, und es handelt sich meist um Zahlen. Doch nicht nur in der Mathematik treten Permutationen auf. Im folgenden Gedicht sind es nicht Zahlen, sondern Wörter, die durchgeschüttelt werden.

Ein Permutationsgedicht

tun was man muss
was man tun muss
tun muss man was
was muss man tun

Claus Bremer, 1971

Claus Bremer hat vier kurze Wörter permutiert. Das ist unaufwendig. So kann er aus einer Zeile vier erzeugen. Eigentlich hätte er 24 Zeilen erzeugen können, doch nicht alle machen sprachlichen Sinn. Ein ähnliches kombinatorisches Prinzip, aber weitaus größerer Dimension, sehen wir nun in Aktion.

Der ultimative Poetry Slam

Am 7. Juli 1961 hat Raymond Queneau ein dünnes 15-seitiges Bändchen mit dem Titel *Cent mille milliards de poèmes* veröffentlicht, also «Hunderttausend Milliarden Gedichte». Es ist ein moderner Hypertext. Queneau schrieb 10 Sonette mit immer denselben Zeilenendungen, deren 14 Zeilen beliebig kombinierbar sind. Das ergibt 10^{14} Sonette.

Bei einer knapp veranschlagten Lesezeit von 30 Sekunden pro Stück ergibt das rund 100 Millionen Jahre für alle Sonette. Queneaus Absicht war es, die Leser zu ermuntern, ihre je eigenen individuellen Gedichte aus den 140 vorgefertigten Alexandrinern herzustellen. Die Buchseiten sind zu diesem Zweck so in Streifen zerlegt, dass sich jede Zeile einzeln umdrehen lässt.

Ludwig Harig hat diese 10 Basissonette übersetzt. Eines der daraus konfektionierten Gedichte ist das folgende, bestehend aus je einer Zeile der Basismodule 9, 7, 2, 6; 5, 8, 1, 7; 10, 5, 10; 10, 8, 4.

1 von 10^{14}

Der Marmorbrocken macht der Säule Appetit
dann könnte man die zwei als Zwillinge entdecken
der Türke dieser Zeit in seiner Krise briet
er findet plötzlich nichts als einen Sack voll Flecken

Wenn man vom schiefen Turm sich um ein Photo müht
der Pöbel hat den Tick Gedichte zu bezwecken
erfroren sind wir fast und nackt im Eisgebiet
wofür sich Eltern selbst ihr reines Bett beflecken

Der Held mag sieghaft schrein ach Himmel Arsch und Schand
Touristen in Florenz sind widerlicher Tand
die Leichenträger gehen sich ihrem Job zu weihn

Bedenkst du Leser das dann wirst du leichenfahl
du überrascht mich mehr als Büttenkarneval
der Schild mit Feh und Gold vergeht wie Augenschein.

Raymond Queneau, der Schöpfer dieses Sonette-Tsunamis, war übrigens Mitglied der Gruppe *Oulipo*. Das ist ein Akronym, gebildet aus «L'Ouvoir de Littérature Potentielle», also Werkstatt für Potentielle Literatur. Dazu gehörte auch ein Autorenkreis, dem sich Surrealisten ebenso anschlossen wie die Mathematiker des Kollektivs *Nicolas Bourbaki*.[51]

Was halten Sie übrigens von obigem maschinell zusammengestellten Sonett?
 Vielleicht ist zu bedenken, was Alan Turing am 11. Juni 1949 in *The London Times* in anderem Zusammenhang sagte: «Nur eine Maschine vermag ein von einer anderen Maschine geschriebenes Sonett zu würdigen.»

130. Zauberhaft (VII)

Dies ist ein Zaubertrick, der auf einem mathematischen Satz von Paul Erdös und George Szekeres basiert. Der Satz lautet: Jede beliebige Folge von $n^2 + 1$ verschiedenen Zahlen enthält eine ansteigende oder eine abfallende Unterfolge von mindestens der Länge $n + 1$.

Liegt eine Serie von zehn verschiedenen Zahlen vor, dann ist dies der Fall $n = 3$, und der Satz garantiert uns mindestens vier, nicht notwendig direkt aufeinanderfolgende Zahlen unter diesen, die steigend oder fallend sortiert sind. Zum Beispiel trifft man für die Zahlenfolge 2, 7, 1, 18, 5, 4, 19, 35, 22, 21 auf die ansteigenden vier Zahlen 1, 4, 19, 35 beim Durchlaufen von links nach rechts.

Sie wundern sich wahrscheinlich schon, wie man auf einer derart abstrakten Tatsache einen – sogar spektakulären – Zaubertrick aufbauen kann.

Dazu kommen wir gleich. Doch zuvor, um den Satz plausibel zu machen, schauen wir uns dessen Aussage einmal für Anordnungen der fünf Zahlen 1, 2, 3, 4, 5 an. Sie können natürlich auch die nun folgende Begründung einfach überspringen und sofort beim Kartentrick weiterlesen.

Bei fünf Zahlen sind wir im Spezialfall $n = 2$ und eine steigende oder fallende Teilfolge der Länge $n + 1 = 3$ liegt vor.

Jede beliebige Anordnung dieser fünf Zahlen, wie zum Beispiel 4, 2, 5, 3, 1, nennt man Permutation. Betrachten wir also eine beliebige Permutation a, b, c, d, e.

Angenommen, es ist a kleiner als b.

Wir prüfen: Wenn es keine wachsende Teilfolge der Länge 3 gibt, dann muss es eine fallende geben. Denn wenn es keine wachsende Teilfolge gibt, dann müssen c, d, e alle kleiner als b sein, sonst hätten wir eine wachsende Teilfolge der Länge 3 beginnend mit a, b. Falls nun c größer als d sein sollte, dann ist b, c, d eine fallende Teilfolge der Länge 3. Und falls d größer als e sein sollte, dann ist b, d, e eine fallende Teilfolge der Länge 3. In beiden Fällen ist das vom obigen mathematischen Satz Behauptete gegeben. Aber einer dieser beiden Fälle muss tatsächlich vorliegen, denn ansonsten wäre sowohl c kleiner als d als auch d kleiner als e und diese würden eine wachsende Teilfolge c, d, e der Länge 3 bilden, was nach unserer Anfangsannahme ausgeschlossen ist.

Analog, nur umgekehrt ist vorzugehen, nimmt man als Einstieg an, dass b kleiner als a ist.

Derart mathematisch gerüstet, lässt sich der Permutations-Kartentrick nun bündig beschreiben:

Durchführung. Der Zauberer bittet einen Zuschauer, fünf Karten mit den aufgedruckten Zahlen 1, 2, 3, 4, 5 in beliebiger Abfolge und verdeckt in eine Reihe zu legen. Der Zuschauer zeigt dem Zauberer die Reihenfolge der Karten nicht, wohl aber dem Assistenten des Zauberers, wenn der Zauberer den Raum verlassen hat. Nachdem der Zauberer zurückgekehrt ist, dreht sein Assistent nacheinander zwei Karten um. Der Zauberer kann dann die Zahlen auf den drei noch verdeckten Karten vorhersagen.

Funktionsweise. Erdös und Szekeres lassen grüßen. Der Assistent wird, wenn ihm der Zuschauer die Karten zeigt, nach einer wachsenden oder fallenden Teilfolge der Länge 3 Ausschau halten, die ja garantiert existiert. Vor den Augen des Zauberers deckt der Assistent anschließend die beiden nicht dieser Teilfolge angehörenden Karten auf, und zwar zum Beispiel von links nach rechts, wenn die Teilfolge fallend ist und von rechts nach links, wenn sie steigend ist. Diese Vorgehensweise wurde zuvor zwischen Zauberer und Assistent abgesprochen.

Veranschaulichung. Der Zuschauer habe die fünf Karten in der Reihenfolge 4, 2, 5, 3, 1 verdeckt ausgelegt. Dann besteht die sortierte Teilfolge der Länge 3 aus den Karten 4, 3, 1. Sie ist fallend. Der Assistent des Zauberers wird die Karten 2 und 5 umdrehen und damit sichtbar machen. Und zwar wird er zuerst die 2 aufdecken und dann die 5, um die Botschaft zu transportieren, dass die Abfolge der noch verdeckten Karten 4, 3, 1 ist und nicht 1, 3, 4.

131. Schaffenskraftwerk und Zehntausendsassa

Genau 886 wissenschaftliche Arbeiten und Bücher, 13 Kinder, rund 3000 erhalten gebliebene Briefe, weitere geschätzte 3000 nicht mehr auffindbare Briefe, fundamentale Beiträge in einem breiten Spektrum mathematischer Teilgebiete, ein an bewiesenen mathematischen Wundern überreich gespicktes Œuvre. Diese Schaffenskraft und Machensmacht in Wort und Tat identifiziert einen Menschen eindeutig: den Mathematiker Leonhard Euler (1707–1783). Doch ihn einfach nur Mathematiker zu nennen ist eigentlich ungenau. So wie der ganze totale Gauß sprengt er alle herkömmlichen Klassen von Helden, Taten und Sensationen. Im Kurzmitteilungsenglisch gesprochen sind die beiden larger than life.

Abbildung 40: Leonhard Euler auf einem Schweizer 10-Franken-Schein

Euler war ein engagierter und liebevoller Vater. Er sagte einmal, dass einige seiner wichtigsten mathematischen Ideen entstanden, als er ein Baby im Schoß hielt. Überhaupt machte es ihm nichts aus, wenn bei der wissenschaftlichen Arbeit am Schreibtisch einige seiner Kinder auf ihm herumturnten und noch eine Katze auf seiner Schulter saß. Letztendlich meinte es aber das Schicksal nicht gut mit ihm: Eulers Vaterschaft war von großem Leid geprägt: Nur fünf seiner 13 Kinder überlebten bis ins Teenageralter.

Im Namen weder des Vaters noch des Sohnes. Der französische Philosoph und Schriftsteller Denis Diderot (1713–1784) galt als ausgesprochen eloquenter Redner und Denker der französischen Aufklärung.

Einst am Hof von St. Petersburg weilend, wo er wieder den

Atheismus proklamiert hatte, forderte man ihn zu einem Disput mit dem ebenfalls anwesenden Leonhard Euler auf. Der gesamte Hof einschließlich Katharina der Großen war versammelt. Nach einem Bericht von Augustus De Morgan wandte sich Euler gleich zu Beginn mit überaus freundlichem Gesicht und folgenden Worten an den Franzosen: «Monsieur, es ist $a + b^n/n = x$, also existiert Gott. Antworten Sie!» Der französische Denker war sprachlos und konnte keine intelligente Reaktion aufbringen. Er wurde vom versammelten Publikum verlacht und war davon so peinlich berührt, dass er Hals über Kopf aus der Stadt abreiste.[52]

Eulers Primzahlfabrik

Euler hat entdeckt, dass der Ausdruck $x^2 + x + 41$, wenn man für x die Werte 0, 1, 2, ..., 39 einsetzt, immerzu Primzahlen erzeugt. Erst für den Wert 40 erhält man $40^2 + 40 + 41 = 41^2$, was keine Primzahl ist.

---

132. Zauberhaft (VIII)

Durchführung.[53] Ein Zuschauer mischt ein 52er-Kartendeck und reicht es dem Zauberer, der es auf den Tisch legt. Der Zauberer schreibt dann Wert und Farbe einer Karte auf ein Stück Papier und steckt es in einen Umschlag. Sodann werden aus dem Kartendeck von oben 12 Karten mit dem Gesicht nach unten auf den Tisch gelegt. Der Zuschauer kann auf 4 beliebige Karten deuten. Diese werden umgedreht. Die übrigen 8 Karten werden zusammengelegt und ans untere Ende des Decks gegeben. Angenommen, die 4 vom Zuschauer aufgedeckten Karten sind 2, 9, 10, Dame in beliebigen Farben. Der Zauberer verkündet, dass er auf jede dieser 4 Karten in folgender Weise Karten des Decks austeilen wird: Wenn es sich um eine 10 oder ein Bild handelt, wird keine Karte daraufgelegt. Wenn es weder eine 10 noch ein Bild ist, zählt man so viele Karten aus dem Deck darauf, bis man bei 10 angelangt ist. Also etwa, wenn es sich um eine 3 handelt, gibt man

7 Karten darauf, laut zählend: 4, 5, 6, 7, 8, 9, 10. Ein Ass gilt als 1 und man zählt 9 Karten darauf.

Ist das geschehen, werden die Werte der 4 vom Zuschauer gewählten Karten addiert. In diesem Fall: 2 + 9 + 10 + Dame = 31. Der Zauberer reicht dem Zuschauer das Deck und bittet ihn, die 31-te Karte des Decks von oben abzuzählen. Überraschenderweise ist das genau die Karte, die der Zauberer vorab auf seinen Zettel geschrieben hat.

Funktionsweise. Anfangs, nachdem der Zuschauer gemischt hat und dem Zauberer das Deck überreicht, hat sich dieser unbemerkt die unterste, also die 52-te Karte des Decks angeschaut. Diese Karte hat er auf den Zettel geschrieben und den Zettel in den Umschlag gesteckt. Wenn dann die 12 Karten von oben ausgeteilt werden, wird die 52-te Karte zur 40-ten von oben. Wenn anschließend 4 Karten umgedreht werden, sagen wir mit Werten a, b, c, d, und die Karten aus dem Deck auf diese abgezählt werden, so sind das genau (10 − a) + (10 − b) + (10 − c) + (10 − d) abgezählte Karten. Die vormals 52-te Karte gelangt damit jetzt in die Position a + b + c + d von oben. Das ist aber gerade die Summe der 4 vom Zuschauer umgedrehten Zahlen.

133. Das Unendliche

Ein Mathematiker hatte eine Tombola organisiert, wobei als Hauptgewinn eine unendlich große Summe Geldes angegeben war. Die Lose gingen denn auch weg wie warme Semmeln. Als der glückliche Hauptgewinner sich meldete, um seinen Gewinn abzuholen, erklärte der Mathematiker die Auszahlungsmodalitäten: 1 Euro sofort, 1/2 Euro eine Woche später, 1/3 Euro zwei Wochen später usw. Damit ist die Gesamt-Auszahlung tatsächlich unendlich groß, denn die Summe 1 + 1/2 + 1/3 + 1/4 + ... übertrifft jeden endlichen Zahlenwert, aber nach zum Beispiel 40 Jahren sind erst ungefähr 8 Euro ausbezahlt.

> **Versuch einer Definition**
>
> Das Unendliche ist ein oben offener, bodenloser Raum ohne Wände.

134. Wahrscheinlichkeiten

Die Chance, während einer Golfrunde ein *Hole in One*[54] zu schlagen, liegt für einen Amateurspieler laut Golfmagazin *Golf Digest* bei 1 : 12 750.

Die Chance, beim Lotto *6 aus 49* mit einer Tippreihe 6 Richtige zu erzielen liegt bei 1 : 13 983 816. Eine verschwindend geringe Wahrscheinlichkeit ist das, in die Sie sich folgendermaßen einfühlen können: Sie ist etwa so groß wie die Wahrscheinlichkeit, dass ein in Österreich an einer beliebigen Straßenecke angesprochener beliebiger Passant der Besitzer des Handys ist, das man zuvor in Deutschland zufälligerweise auf der Straße gefunden hat, bevor man ins Nachbarland in Urlaub fuhr.

In deutschen Texten kommt der im Mittel meistbenutzte Buchstabe E mit einer Häufigkeit von 17,4 Prozent vor, der Buchstabe Q als seltenster nur mit einer Häufigkeit von 0,02 Prozent.

Die Wahrscheinlichkeit, dass ein Mensch in einem gegebenen Jahr an Krebs stirbt, ist im Mittel 1 : 600. Die Wahrscheinlichkeit für Tod durch Herzkrankheit liegt bei 1 : 400. Und die für Tod durch Meteoriten-Einschlag kann bei 1 : 300 Milliarden angesiedelt werden.

Blitz-Info. Die Wahrscheinlichkeit, in einem gegebenen Jahr durch Blitzeinschlag zu sterben, ist in Deutschland 1 : 20 Millionen. Es gibt pro Jahr etwa vier Tote durch Blitzeinschlag bei einer Bevölkerung von 80 Millionen. Übrigens ist die Wahrscheinlichkeit, an einem Kugelschreiber zu ersticken, um ein Vielfaches größer.

Jedes Jahr ereilt dieses kuriose Schicksal etwa 100 Menschen in Deutschland.

135. Genius contra Gegengenius

Schönes gibt es überhaupt nicht in der Wissenschaft.

Martin Heidegger

Schönheit ist der erste Test: Für hässliche Mathematik gibt es keinen dauerhaften Platz auf der Welt.

Godfrey H. Hardy

Bemühen wir den Schlauesten von allen als Kampfrichter im kleinen Krieg der großen Köpfe: Mir fällt nur Albert Einstein ein. Er soll gesagt haben, und ich glaub's ihm, dass die *richtige* Lösung eines Problems meist auch eine *schöne* Lösung ist. Damit hätten wir's.

136. Mathematiker und der Tod

Die Beiträge von Évariste Galois über die Lösbarkeit von Gleichungen hoben innerhalb der reinen Mathematik ein ganz neues Teilgebiet aus der Taufe, das heute berechtigterweise als Galoistheorie bezeichnet wird. Doch 1831 wurden diese Beiträge von der Französischen Akademie der Wissenschaften wegen Unverständlichkeit verkannt und eingereichte Arbeiten zurückgewiesen. Galois' Genialität offenbarte sich dessen Zeitgenossen erst nach seinem frühen Tod. Gerade 20-jährig starb er an den Folgen eines Duells. Da sein Rivale ein bekannter Schütze war, rechnete er mit seinem Tod. Deshalb schrieb er in der Nacht vor dem morgendlichen Schusswechsel in aller Eile seine wichtigsten noch unveröffentlichten Erkenntnisse auf, um sein Werk der Nachwelt zu erhalten. In Eric Temple Bells Biographiensammlung *Men of Mathematics* wird diese letzte Nacht des Évariste Galois so dargestellt:

Abbildung 41:
Évariste Galois auf einer französischen Briefmarke

«Die ganze Nacht verbrachte er die verrinnenden Stunden damit, fieberhaft sein wissenschaftliches Testament zu schreiben, gegen die Zeit schreibend, um mit auf Hochtouren arbeitendem Kopf einige der großartigen Dinge festzuhalten, bevor der von ihm vorausgesehene Tod ihn erreichen würde. Immer wieder unterbrach er, um rasch an den Rand zu kritzeln: ‹Ich habe keine Zeit; ich habe keine Zeit›, und setzte fort mit der nächsten hektisch notierten Ausführung. Was er in diesen letzten verzweifelten Stunden vor Tagesanbruch schrieb, würde Generationen von Mathematikern beschäftigen. Er hatte ein für alle Mal die Lösung eines Problems gefunden, das die Mathematiker für Jahrhunderte drangsaliert hatte: Unter welchen Bedingungen kann eine Gleichung gelöst werden.»[55]

Letzte Worte

Galois' letzte Worte sind nicht überliefert. Doch viele andere letzte Worte wurden für die Nachwelt gerettet. Wer da meint, Sterbebetten seien umständehalber bekannt für werkimmanente Unterdurchschnittlichkeit, dem seien einige tiefschürfende Letztverlautbarungen nicht vorenthalten:

«Lasst es nicht so enden. Schreiben Sie, dass ich was gesagt hätte.»
Letzte Worte des mexikanischen Revolutionsführers Pancho Villa zu einem Journalisten, nachdem er von einer Kugel tödlich getroffen worden war.

«Ich glaube, ich werde ein Gott.»
Vespasian, römischer Kaiser

«Die Malerei muss erst noch erfunden werden.»
Pablo Picasso

«Gott segne Sie, Schwester. Mögen alle Ihre Söhne Bischöfe werden.»
Letzter Segenswunsch von Brendan Behan, gesprochen zu der Nonne, die ihn pflegte

Eine Krankenschwester Henrik Ibsens zu einem Besucher: «Es geht ihm schon etwas besser!» Darauf Ibsen: «Im Gegenteil!» («Tvertimod») – und starb!

«Ich habe Gott und die Welt beleidigt, da meine Werke nicht so gut geworden sind, wie sie sein könnten.»
Leonardo da Vinci

«Versteht es niemand?»
James Joyce

«Ich sterbe.»
Letzter Satz von Leonhard Euler, gesprochen während er mit einem seiner Enkelkinder spielte

«Ich habe meine Sache hier getan.»
Kurz bevor er starb, begann Einstein zu murmeln. Da aber die Krankenschwester, die in seinen letzten Stunden an seinem Bett saß, des Deutschen nicht mächtig war, sind Einsteins allerletzte Worte nicht überliefert.

«Nun, meine Seele, heißt es, Abschied nehmen.»
René Descartes

«Ich möchte zahlen. Ich hatte einen Bohneneintopf.»
Letzte Absicht von Dutch Schulz, einem US-amerikanischen Mega-Gangster der Mafia, nachdem er von einem Kommando einer verfeindeten Organisation in einem Restaurant tödlich getroffen worden war. Gangster zwar, doch kein Zechpreller.

«Der Husten ist vierdimensional.»
Christian Morgenstern

Und der bis dato unerreichte Höhepunkt:

«Fegt mich weg!»
Søren Kierkegaard

137. Letzten Endes

Allerletzte Worte ...

... des Bungee-Springers: Ist alles TÜV-geprüft?

... der Messerwerfer-Assistentin an der Wurfscheibe: Hatschi!

... des Sportlehrers: Alle Speere zu mir!

... des Tennisprofis beim Doppel: Meiner!

... des Generals Custer: Auf diese Entfernung treffen die nicht einmal einen Ele...

... der Weihnachtsgans: Oh, du fröhliche ...

... des Bauarbeiters: Nicht einschalten, Paule, bin in der Mischmasch ...

... des Mathematikers: Es sei eine Ampel und sie sei grün.

... des Achterbahnfahrers: Nur noch einmal.

... des Bettnässers: Mach mal die Heizdecke an.

... des Computers: Sind Sie sicher? (J/N)

... des ertrinkenden Hackers: F1! F1!

... in diesem Manuskript: Mein word processor stürzt niemals a

Anhang

a. Anmerkungen

1 Übrigens: Das ist noch nicht der Weltrekord. Die bislang teuerste Telefonnummer wurde für 2,18 Millionen Euro in Quatar ersteigert. Es ist die Nummer 666 66 66. Andere Länder, andere Glückszahlen.

2 Nach der Februar 2003 Kolumne von Colm Mulcahy bei MathHorizons.

3 Modifiziert nach Limericks in Dittmann, W., Geister, A., Kutzborski, D. (1986): Logische Phantasien. Berlin, de Gruyter.

4 Unter Verwendung von Informationen aus Amengua, P. & Tora, R. (2006): Truels or the survival of the weakest. Arxiv:math/0606181v1.

5 In Hesse, C. (2011): Achtung Denkfalle! Die erstaunlichsten Alltagsirrtümer und wie man sie durchschaut. Verlag C. H. Beck. Kapitel 6.

6 Zusätzlich zum Nichts, das nichtet, hat Heidegger ein ganzes Sortiment ähnlich kryptischer Sätze zu Papier gebracht: «Das Ding dingt.» Diese Sprache wallet aus sich selber. Schopenhauer hatte es nur zum *Ding an sich* gebracht, Hegel zum *Ding überhaupt.* Doch mit dem Ding, das dingt, ist Heidegger ganz unbestritten der druckreif denkende King der Ding-Dynastie. Oder ist das Ganze nur eine große Epilepsie des Formulierens? Von mir stammt leider nur ein vergleichsweise reduzierter Satz – wenn er auch als Versuch gedacht ist, Heideggers Denken in eine Sprache zu befreien, in der er mehr recht hätte als in seiner eigenen: «Der Gong gongt.» Und dann habe ich noch die Frage, was wohl ding-philosophisch richtig ist: «Die Kluft kluft» oder «Die Kluft klafft». Das zu hören ist Heidegger erspart geblieben.

7 Das Bundesarbeitsgericht entschied dann im Berufungsverfahren im GEMA-Fall am 22. 7. 2010 (8 AZR 1012/08) gegen die Klägerin mit der Begründung, «dass die Statistik zwar ein Indiz für die Diskriminierung sei, aber nicht ausreiche für eine Beweislastumkehr».

8 Unter Verwendung von Informationen aus Applied Optics 11, A14 (1972).

9 Ermunterungshonorar geschenkt. Aber der fertiggestellte Satz würde mich interessieren.

10 Erdös lebte jahrelang ohne festen Wohnsitz, rastlos durch die Welt ziehend, bei Freunden übernachtend, von denen einige in ihrer Wohnung ein festes Erdös-Zimmer ständig freihielten und einer sich um seine Finanzen kümmerte.

11 Ein Nano-Krümel Zusatzfaktum: Der Essener Mathematiker Gerhard Frey erklärte seinem Bonner Kollegen Günter Harder einst mit einem schwarzen Filzstift auf rotem Tischtennisschläger seine neue zahlenthe-

oretische Idee, die später beim Beweis der Fermatschen Vermutung nützlich war.

12 Unter Verwendung von Informationen aus Joswig, M. (2009): Wer zahlt, gewinnt. Mitteilungen der DMV, 17, 38–40.

13 Unter Verwendung von Informationen aus *Mathematiker lüften Geheimnis ewiger Liebe*, Spiegel Online, 13. 2. 2004, sowie aus Rauner, M. (2003): *Mathe sechs, Ehe kaputt. Die Wissenschaft schenkt uns die Differenzialgleichung der Liebe*, Zeit Online Wissen, 22. 5. 2003.

14 Bei «Jozef Filsers Briefwexel» handelt es sich um ein satirisches Buch von Ludwig Thoma aus dem Jahr 1912.

15 Die Antwort finden Sie im Anhang.

16 Übersetzung von mir.

17 Zitiert nach Jaitner (1998).

18 Unter Verwendung von Informationen aus Schrage, G. (1984): Irrwege der Stochastik. Mathematik lehren, Heft 5, August 1984, 50–53.

19 Daten nach Künzel (1991).

20 Unter Verwendung von Informationen aus Sokolov (2003).

21 Tversky, A. & Kahneman, D. (1983): Extension versus intuitive reasoning: The conjunction fallacy in probability judgment. Psychological Review, 90, 293–315.

22 Übrigens: Winkerkrabben-Weibchen belohnen ihre männlichen Nachbarn, die sie gegen Belästigungen durch andere Männchen schützen, mit Sex.

23 ... und auch nicht Sächsisch.

24 Die *glücklichen Zahlen* sind vom polnisch-amerikanischen Mathematiker Stanislaw Ulam so benannt worden. Er hat auch noch eine Geschichte dazu erfunden, die auf einer vom römischen Historiker Flavius Josephus berichteten Begebenheit basiert. Bei einer Belagerung wollten die eingeschlossenen Krieger sich lieber selber umbringen, als in die Hände der Feinde zu fallen. Die Krieger stellen sich in einer Reihe auf. Dann tötet sich erst jeder Zweite, anschließend jeder Dritte der noch Lebenden und so weiter. Einer der Krieger will sich aber nicht töten und sich und seinen Freund retten. Durch richtiges Aufstellen in der Reihe der Krieger konnte er dies erreichen. Die zu den Positionen, an denen man überlebt, gehörenden Zahlen heißen glückliche Zahlen. Die ersten glücklichen Zahlen sind 1, 3, 7, 9, 13, 15.

25 Die Einwohnerzahlen beziehen sich auf das Jahr 2003.

26 Kein Grund, über das Sauerland zu lächeln. Sauerländer waren und sind in der Welt präsent: Theodor I. (1694–1756) war der einzige König, den es auf der Insel Korsika je gab. Er stammte aus Pungelscheid im Sauerland. Jetzt wissen Sie auch das.

27 Siehe etwa Nigrini (1996).

28 Siehe Gschwend (2009).

29 Laut Internetseite «Unsolved Problems and Rewards» http://faculty. evansville.edu/ck6/integer/unsolved.html
Es ist Problem 1615 in Crux Mathematicorum 17 (1991), 44.

30 Übrigens: Liest man die Liste der Ausgezeichneten, stößt man auf den Eintrag: «Man of the Year 1990: The Two George Bushes». Ob jeder für sich, zu gleichen Teilen oder in anderem Verhältnis, konnte ich nicht in Erfahrung bringen.

31 Siehe John D. Barrow (1999): Ein Himmel voller Zahlen. Rowohlt, Reinbek.

32 Zitiert nach Kirchner (2009).

33 Eine Formulierungs-Spende von Fußballtrainer Giovanni Trapatoni.

34 Aus der Feder geflossen während der Fußball-Europameisterschaft (2012).

35 Die Bilderserie stammt aus Bergamini (1969).

36 Nach: Filder Zeitung vom 28.01.2011: Hegel-Schüler gewinnen internationalen Mathematikwettbewerb.

37 Aus Copyright-Gründen kann ich die Lösungen leider nicht mitteilen.

38 Nach Duroska, G. (2005): Der Kruskal Count. Computerpraktikum, Institut für Stochastik und Anwendungen, Universität Stuttgart.

39 Wir gehen hier, leicht vereinfachend, davon aus, dass die Wahrscheinlichkeiten für Mädchen- und Jungengeburten jeweils gleich $1/2$ sind. Für das Geschlecht verantwortlich ist der Chromosomensatz des befruchtenden Spermiums. Ist es ein X-Chromosom, entsteht ein Mädchen, bei einem Y-Chromosom wird es ein Junge. De facto haben es die Spermien, die ein X-Chromosom tragen müssen, deshalb schwerer, weil X-Chromosomen geringfügig mehr wiegen als Y-Chromosomen. X-chromosomale Spermien sind also beim Wettlauf zur Eizelle etwas benachteiligt, was sich dann an der kleineren Wahrscheinlichkeit von $48{,}6\%$ für eine Mädchengeburt zeigt.

40 Siehe auch Hadfield (2000).

41 Unter Verwendung der Annahme, dass eine zufällig ausgewählte Geburt mit derselben Wahrscheinlichkeit von $1/12$ in jeden gegebenen der 12 Monate fällt.

42 Unter Verwendung der Annahme, dass eine zufällig ausgewählte Geburt mit derselben Wahrscheinlichkeit von $1/365$ auf jeden gegebenen der 365 Tage fällt.

43 Kurzreplik auf Goethe: Es reicht nicht, ein intelligenter Mensch zu sein, man muss auch intelligente Dinge sagen.

44 Dieser Satz aktiviert, ehrlich gesagt, meinen Wegklick-Reflex. Er gilt in seiner postulierten Allgemeinheit natürlich nicht. Trotzdem kenne ich Mathematiker hierzulande und anderswo, auf die er zutrifft: A. M., B. K., M. G., J. B., G. W., T. S., P. B., W. W. könnte man ohne Vollständigkeitsprätention nennen. Sapienti sat.

45 Beide Umrechnungsfaktoren sind natürlich gleich: 0,6214 ist der korrekte Faktor.

46 *Schädeldecke-liftende Lyrik.* Amerikas größte Dichterin, Emily Dickinson, hat uns erfreulicherweise eine Methode an die Hand gegeben, wahre Dichtung zu erkennen. «Wenn ich ein Buch lese und es macht meinen ganzen Körper so kalt, dass kein Feuer jemals mich wärmen könnte, weiß ich, das ist Dichtung. Wenn ich es physisch spüren kann, dass meine

Schädeldecke abgenommen wird, weiß ich, das ist Dichtung. Nur auf diese Art weiß ich es. Gibt es denn eine andere?»
Erlauben Sie die Frage eines gespannten Autors: Hebt mein obiges Limerick etwa nicht Ihre Schädeldecke ab?

47 Unter Verwendung von Informationen aus Brendel (1992).

48 Loomis (1968).

49 Der multisapiente Linus Pauling war einer von nur vier Menschen, die zweimal den Nobelpreis erhielten. Sogar auf dem Mond waren mehr Menschen.

50 Ein Theorem vom Trost sei hier der Welt vorgestellt: Keiner ist je ein vollständiger Versager, nichts je total untauglich. Ein Jegliches kann immer noch als schlechtes Beispiel fungieren.

51 Das ist das Pseudonym einer Gruppe vorwiegend französischer Mathematiker, die seit Mitte der 30er Jahre des 20. Jahrhunderts an einer vielbändigen Enzyklopädie der Mathematik arbeiten. Der Gruppe geht es nicht darum, neues mathematisches Wissen zu schaffen, sondern vielmehr darum, das bestehende Wissen zusammenfassend in stringenter Form darzustellen.

52 Der Mathematiker Howard Eves, bekannt durch seine Arbeiten zur Geschichte der Mathematik, zieht den Wahrheitsgehalt dieser Geschichte in Frage.

53 Erklärt in Gardner (1956).

54 Übrigens: Laut nordkoreanischem Informationsministerium ist der einzige Mensch, der auf seiner ersten Golfrunde gleich elf Hole in One schlug, der kürzlich verstorbene Führer Kim Jong-il. Als ich diese Information einholte, lebte er allerdings noch. Es ist nicht auszuschließen, dass sein Nachfolger ein noch besserer Golfer ist.
Und noch etwas: In Japan ist es für Golfspieler üblich, eine Hole-in-One-Versicherung abzuschließen, da sie im Falle einer solchen Eventualität allen ihren Freunden ein ansehnliches Geschenk machen müssen.

55 Diese Darstellung der Ereignisse von E. T. Bell wird von einigen Wissenschaftshistorikern in Zweifel gezogen.

b. Lösungen

Auflösung des Mathematiker-Eignungstests aus der Nummer 30

Wir bezeichnen die n + 1 Zahlen aus der angegebenen Menge mit z_0, z_1, ..., z_n. Jede dieser Zahlen lässt sich schreiben als Produkt einer Zweierpotenz $2^{e(k)}$ und einer ungeraden Zahl u(k):

$$z_k = 2^{e(k)} \cdot u(k)$$

Hierbei ist der Exponent e(k) eine der Zahlen 0, 1, 2, ... Ist zum Beispiel z_k selbst ungerade, dann ist e(k) = 0 und z_k = u(k). Oder im Fall z_k = 40 ist e(k) = 3 und u(k) = 5. Die Zahlen u(k) liegen natürlich immer zwischen den Zahlen 1 und 2n. Doch in diesem Bereich gibt es nur insgesamt n verschiedene ungerade Zahlen. Deshalb können die zu den z_k gehörenden n + 1 Zahlen u(k) nicht allesamt verschieden sein. Es muss vielmehr ein i und ein davon verschiedenes j geben, so dass wir die Gleichheit u(i) = u(j) haben. Dann ist aber zwingend für diese beiden Indizes i und j

$$z_i = 2^{e(i)} \cdot u(i) \text{ und } z_j = 2^{e(j)} \cdot u(i).$$

Die Zahl mit der kleineren Zweierpotenz teilt dann die Zahl mit der größeren.

Auflösung des Logik-Rätsels aus der Nummer 37

Frage 1
Man frage Gott B: «Wenn ich dich fragen würde: ‹Ist A Zufällig?›, würdest du mit *so* antworten?»

Falls B mit *so* antwortet, dann ist B entweder Zufällig (und antwortet zufallsabhängig) oder B ist nicht Zufällig und seiner Antwort ist zu entnehmen, dass A Zufällig ist. In beiden Fällen ist C eindeutig nicht Zufällig.

Falls B mit *ro* antwortet, dann ist entweder B Zufällig (und antwortet zufallsabhängig) oder B ist nicht Zufällig und der Antwort ist zu entnehmen, dass A nicht Zufällig ist. In beiden Fällen ist A eindeutig nicht Zufällig.

Frage 2
Diese Frage wird an den Gott gerichtet, der in der ersten Frage als nicht Zufällig identifiziert worden war, also je nach Antwort ist es A oder C. Man fragt nun diesen Gott: «Wenn ich dich fragen würde: ‹Bist du Falsch?›, würdest du *so* sagen?»

Da dieser Gott nicht Zufällig ist, bedeutet die Antwort *ro*, dass er Wahr ist, und die Antwort *so*, dass er Falsch ist.

Frage 3

Denselben Gott frage man nun: «Wenn ich dich fragen würde: ‹Ist B Zufällig?›, würdest du *so* sagen?»

Lautet die Antwort *so*, dann ist B Zufällig. Bei der Antwort *ro*, ist der bisher noch nicht befragte Gott Zufällig.

Der noch verbleibende Gott kann nach dem Ausschlussprinzip identifiziert werden.

Auflösung des Problems in Lyrik-Form aus der Nummer 77

Die Zahl «this» ist gleich 3 und «that» ist gleich 24.
3 + 24 = 27. Und 27/3 ist das Quadrat von «this». Das Verhältnis von «that» zu «this» ist 8 : 1.

Auflösung des Problems in Balladen-Form aus der Nummer 77

Die Antwort lautet 23 $. Das ist der Preis bei 59 Tagen Wartezeit. Doch wenn man 59 Tage wartet, mag man vielleicht auch 70 Tage warten. Dann hätte der Preis den Wert 1 $ erreicht und würde anschließend zwischen 1 $ und 2 $ hin und her pendeln. Die gesamte Folge der Preise in $ beginnend mit 27 beträgt: 27, 41, 62, 31, 47, 71, 107, 161, 242, 121, 182, 81, 137, 206, 103, 155, 233, 350, 175, 263, 395, 593, 890, 445, 668, 334, 167, 251, 377, 566, 283, 425, 638, 319, 479, 719, 1079, 1619, 2429, 3644, 1822, 911, 1367, 2051, 3077, 4616, 2308, 1154, 577, 866, 433, 650, 325, 488, 244, 122, 61, 92, 46, **23,** 35, 53, 80, 40, 20, 10, 5, 8, 4, 2, 1.

c. Verwendete und weiterführende Literatur

Amengua, P. & Tora, R. (2006): Truels or the survival of the weakest. Arxiv:math/0606181v1

Attenborough, D. (1999): Das geheime Leben der Vögel. Scherz Verlag, München

Bell, E. T. (1986): Men of Mathematics. Touchstone, Clearwater

Barrow, J. D. (1999): Ein Himmel voller Zahlen. Rowohlt, Reinbek

Benjamin, A. & Shermer, M. (2007): Mathe-Magie. Heyne, München

Bergamini, D. (1969): Mathematik. Rowohlt, Reinbek

Binmore, K. G. (1992): Fun and Games: a Text on Game Theory, S. 87

Brendel, E. (1992): Die Wahrheit über den Lügner. Eine philosophisch-logische Analyse der Antinomie des Lügners. De Gruyter, Berlin, New York

Brunn, S. (2010): Wer das liest ist doof! Generalblatt, 23. 3. 2010

Brunvand, J. H. (1989): Curses! Broiled Again!: The Hottest Urban Legends Going. Norton, New York

Cajori, F. (1928): A History of Mathematical Notations. The Open Court Company, London

Cohen, M. R. & Nagel, E. (1934): An Introduction to Logic and Scientific Method. Hartcourt, New York

Die Welt Online (2008): Warum die Zahl «Acht» für Chinesen so wertvoll ist. 8. 8. 2008

Dittmann, W., Geister, A., Kutzborski, D. (1986): Logische Phantasien. De Gruyter, Berlin

Drösser, C. (2004a): Nie wieder Zahlendreher. Die Zeit, 22. 1. 2004

Drösser, C. (2004b): Zwanzigeins in Ost und West. Die Zeit, 16. 9. 2004

Duroska, G. (2005): Der Kruskal Count. Computerpraktikum, Institut für Stochastik und Anwendungen, Universität Stuttgart

Ebert, M. & Klotzek, T. (Hrsg.) (2010): Unnützes Wissen. Heyne, München

Engel, A. (1973): Wahrscheinlichkeitstheorie und Statistik, 1. Stuttgart, Klett

Engel, A. (1976): Wahrscheinlichkeitstheorie und Statistik, 2. Stuttgart, Klett

Erbefelz, R. (2010): Seufzer und letzte Silben – Epigramme, Limericks & Zetera. Edition Octopus, Münster

Gardner, M. (1956): Mathematics Magic and Mystery. Dover, New York. S. 7

Gigerenzer, G. (2002): Das Einmaleins der Skepsis: Über den richtigen Umgang mit Zahlen und Risiken. Berlin Verlag, Berlin

Groß, J. (1985): Notizbuch. DVA, Stuttgart

Gschwend, Th. (2009): Wahl-Forensik im Iran. Zweitstimme: Das Politik-Blog vom 22. 6. 2009, Zeit Online

Hadfield, P. (2000). Drink to think. New Scientist, 9. 12. 2000, Seite 10

Heidegger, M. (1943): Was ist Metaphysik? Klostermann, Frankfurt am Main

Henscheid, E. (2003 ff.): Gesammelte Werke, Bd. 1–10. Zweitausendeins, Frankfurt am Main.

Hesse, C. (2003): Angewandte Wahrscheinlichkeitstheorie. Vieweg, Braunschweig/Wiesbaden

Hesse, C. (2007): Expeditionen in die Schachwelt. Chessgate, Nettetal

Hesse, C. (2011): Achtung Denkfalle – Die erstaunlichsten Alltagsirrtümer und wie man sie durchschaut. C. H. Beck, München. Kapitel 6

http://www.homebank.de/etc/medialib/i210m0182/pdf/service.Par.0016. File.tmp/Tipps zum Merken von Geheimzahlen.pdf

Hughes, P. & Brecht, G. (1994): Die Scheinwelt des Paradoxons. Eine kommentierte Anthologie in Wort und Bild. Vieweg, Wiesbaden

Jaitner, S. (1998): Notizen zu Fermats letztem Satz. Hausarbeit, PH Freiburg

Joswig, M. (2009): Wer zahlt, gewinnt. Mitteilungen der DMV, 17, 38–40

Kirchner, A. (2009): Gödels ontologischer Gottesbeweis. Manuskript

Krämer, W. (1996): Denkste! Trugschlüsse aus der Welt des Zufalls und der Zahlen. 2. Auflage. Campus Verlag, Frankfurt am Main

Künzel, E. (1991): Über Simpsons Paradoxon. Stochastik in der Schule, 11, 1, 54–62

Loomis, E. S. (1968): The Pythagorean Proposition. Classics in Mathematics Education Series. National Council of Teachers of Mathematics, Washington

Matthews, R. A. J. & Blackmore, S. J. (1995): Why are coincidences so impressive? Perceptual and Motor Skills, 80, 1121–1122

Mulcahy, C. (2003): Fitch Cheney's Five-Card-Trick. Math Horizons, Februar 2003

Nigrini, M. J. (1996): A taxpayer compliance application of Benford's law. The Journal of the American Taxation Association, 18, 72–91

Rauner, M. (2003): Mathe sechs, Ehe kaputt. Die Wissenschaft schenkt uns die Differenzialgleichung der Liebe. Zeit Online Wissen, 22. 5. 2003

Riha, K. (1995): Aussen Kohl, innen hohl. Ammann, Zürich

Schäfer, Th. (2009): Paradoxa oder Wahrheiten, die auf dem Kopf stehen, um Aufmerksamkeit zu erregen. Abschiedsvorlesung, FH Gelsenkirchen, 29. 1. 2009

Schneider, R. U. (2008): Das langweiligste Experiment der Welt. In: NZZ Folio 07/2008, Seite 59

Schrage, G. (1984): Irrwege der Stochastik. Mathematik lehren, Heft 5, August 1984, S. 50–53

Schreiber, A. (Hg.) (2008): Lob des Fünfecks. Mathematisch angehauchte Gedichte, zusammengetragen und übertragen von Alfred Schreiber, Books on Demand, Norderstedt

Sick, B. (2003): Zwiebelfisch-Kolumnen. http://www.spiegel.de/thema/zwiebelfisch

Sloterdijk, P. (1998 ff.): Sphären I–III. Suhrkamp, Frankfurt am Main

Sokolov, D. A. J. (2003): Mathematiker: Beim Euro fehlt die 137-Cent-Münze. Pressetext. austria

Spiegel Online: Mathematiker lüften Geheimnis ewiger Liebe, 13. 2. 2004

Thoma, L. (1912): Jozef Filsers Briefwexsel – 2. Buch. Langen-Müller, München

Tropf, A. (2012): Niederlagen, die das Leben selber schrieb
http://www.alexander-tropf.de/alex.htm

Tversky, A. & Kahneman, D. (1983): Extension versus intuitive reasoning: The conjunction fallacy in probability judgment. Psychological Review, 90, 293–315

Watzlawick, P. (2003): Wie wirklich ist die Wirklichkeit. Piper, München

Whitehead, A. N. & Russell, B.(1997): Principia Mathematica. 3 Bände. Cambridge University Press, 2. Auflage

Ziegler. G. M. (2008): Wo Mathematik entsteht. Zehn Orte. In: Behrends, E., Gritzmann, P. & Ziegler, G. M. (Hrsg.): Pi und Co. Kaleidoskop der Mathematik. Springer, Berlin

Ziegler, G. M. (2012): Mathematik im Alltag. Fortlaufende Mathematikkolumne in den Mitteilungen der Deutschen Mathematiker Vereinigung

d. Bild- und Textnachweis

Abb. 1, 7, 9, 11, 22, 32: © www.cartoonStock.com

Abb. 2, 4, 10, 12, 23, 25–30, 37, 38 sowie Seite 57, 58, 85, 104: Vlad Sasu und Christian Hesse

Abb. 5, 8, 13, 36: © www.ScienceCartoonsPlus.com

Abb. 6: Aus: Michael Wolfson/Juliane Baumann/Daphne Mattner: Beuys, Ulrichs – Ich-Kunst, Du-Kunst, Wir-Kunst. Joseph Beuys und Timm Ulrichs im Kunstmuseum Celle mit Sammlung Robert Simon, Stadt Celle 2007, Foto: Roland Schmidt, Hannover, © VG Bild-Kunst, Bonn 2012

Abb. 17: © Martin Perscheid/Distr. Bulls

Abb. 18: © Rich Tennant, www.the5thwave.com

Abb. 20: © Tom Thaves

Abb. 24: Aus: David Bergamini: Mathematik, Rowohlt Verlag, Reinbek 1969, Foto: Albert Fenn

Abb. 31: akg-images, © Salvador Dalí, Fundació Gala-Salvador Dalí/VG Bild-Kunst, Bonn 2012

Abb. 34: Aus: Patrick Hughes/George Brecht: Die Scheinwelt des Paradoxons, Vieweg Verlag, Wiesbaden 1994, Foto: John Timbers

Abb. 42: © Ivo Kljuce

Der Abdruck der ersten Strophe aus dem Palindrom «Metallatem» auf Seite 119 erfolgt mit freundlicher Genehmigung von Martin Mooz: Trauerfreuart.de – Das Palindromikon, http://www.trauerfreuart.de/palindrom/gedichte.htm

Das Gedicht von JoAnne Growney auf Seite 136 f. wurde mit freundlicher Genehmigung entnommen aus: Alfred Schreiber (Hg.): Lob des Fünfecks. Mathematisch angehauchte Gedichte. Springer Spektrum © Vieweg + Teubner Verlag; Springer Fachmedien, Wiesbaden 2012 (Original: «A Mathematician's Nightmare», aus: JoAnne Growney: My Dance is Mathemathics, Paper Kite Press, 2006, © JoAnne Growney).

Aus demselben Band stammt auch das Gedicht von Josep M. Albaigès auf Seite 189 f. © Josep M. Albaigès.

Das Gedicht von Gerrit Achterberg auf Seite 189 wurde mit freundlicher Genehmigung entnommen aus: Alfred Schreiber (Hg.): Lob des Fünfecks. Books on Demand, Norderstedt 2008, © Stiftung Willem Kloos Fonds für die Erbengemeinschaft Gerrit Achterberg, Niederlande.

Der Abdruck des «Permutationsgedichts» von Claus Bremer auf Seite 208 erfolgt mit freundlicher Genehmigung von Renate Bremer-Steiger.

Das Basissonett von Raymond Queneau auf Seite 209 wurde entnommen aus: Raymond Queneau: Hunderttausend Milliarden Gedichte, Verlag Zweitausendeins, Frankfurt am Main 1984.

Leider war es uns nicht in allen Fällen möglich, den Rechteinhaber zu ermitteln. Der Verlag ist selbstverständlich bereit, berechtigte Ansprüche abzugelten.

e. Dank

Ein Dank gilt ganz generell der Mathematik, die mir geholfen hat, meinen Platz in der Welt zu finden.

Ein herzlicher Dank geht abermals an Vlad Sasu für die jederzeit erfreuliche gemeinsame Arbeit an der Herstellung der Diagramme und Abbildungen.

Ich danke vielmals Herrn Dr. Stefan Bollmann, der in gewohnt exzellenter Weise dieses Sammelsurium durch die verschiedenen Phasen bis hin zur Veröffentlichung begleitet hat.

Ein keine Worte erfordernder Dank gilt meiner Familie: Andrea Römmele, Hanna Hesse, Lennard Hesse. Ihnen ist das Buch gewidmet.

f. Der Autor

Abbildung 42: Der Mathe-Mann aus Mannheim

Prof. Dr. Christian Hesse lebt seit 1960, wurde 1966 im sauerländischen 1500-Seelen-Ort Neu-Listernohl eingeschult und promovierte 21 Jahre später in Mathematik an der Harvard University in Cambridge, Massachusetts (USA). Von 1987–1991 lehrte er als Assistenz-Professor an der Universität von Kalifornien in Berkeley. 1991 berief der damalige Ministerpräsident Erwin Teufel den damals 30-Jährigen als jüngsten Professor der Bundesrepublik nach Baden-Württemberg auf eine Professur für Mathematik an der Universität Stuttgart. Zwischenzeitlich war Hesse Gastwissenschaftler unter anderem an der Australian National University (Canberra), der Queens University (Kingston, Kanada), der University of the Philippines (Manila), der Universidad de Concepción (Chile), der Xinghua Universität (Peking) und der George Washington University (Washington, USA). Seine berufliche Vortrags- und Reisetätigkeit erstreckt sich über viele Teile der Welt, von St. Petersburg über die Yucatan-Halbinsel bis zur Osterinsel, von Tahiti über Dublin bis Kapstadt. Zum 5. Juni 2012 berief ihn das Bundesverfassungsgericht als Sachverständigen für eine Anhörung zum Wahlrecht. Seit Juli 2012 hält er sich zu einem neunmonatigen Forschungsaufenthalt in Kalifornien und Washington auf.

Hesses Forschungsschwerpunkte liegen im Bereich der Stochastik; er ist der Autor des Lehrbuches *Wahrscheinlichkeitstheorie*. Seine freizeitlichen Lieblingsbeschäftigungen sind Lesen, Schreiben, Schlafen und Schach. 2006 hat er darüber den mittlerweile in mehrere Sprachen übersetzten Essayband *Expeditionen in die Schachwelt* veröffentlicht, vom *Wiener Standard* als «eines der geistreichsten und lesenswertesten Bücher, das je über das Schachspiel verfasst wurde» gerühmt. Er wurde zusammen mit den Klitschko-Brüdern, mit Fußballtrainer Felix Magath, dem Filmproduzenten Artur Brauner, der Schauspielerin und Sängerin Vaile sowie dem Ex-Weltmeister Anatoli Karpov zum Internationalen Botschafter der Schacholympiade 2008 ernannt. Er ist verheiratet und hat eine 11-jährige Tochter und einen 7-jährigen Sohn. Mit seiner Familie lebt er in Mannheim.

Christian Hesse ist immer noch Brillen-, aber nicht mehr Seitenscheitel-Träger, bekennender Billig-Bier-Trinker und war nie Mitglied von irgendeiner Boy Group. Sein Lieblingsmaler ist der Herbst und ihm gefällt Voltaires Antwort, nachdem sich einmal jemand bei dem französischen Autor beklagte: «Das Leben ist hart.» – «Verglichen womit?»

g. Register

Kursive Seitenzahlen verweisen auf Bildlegenden.

Achterberg, Gerrit 189
ADAC 73
Agnesi, Maria Gaetana 106
Aids 121
Akademie der Wissenschaften 41,
   106 f., 151, 217
Albaigès, Josep M. 190
Ali, Muhammed 73
Amida-kuji 99 ff., *100*
Analogie-Prinzip 148
Anfangsziffer 124 f.
Apollonius von Perge 40
Approximation 63, 158, 176
Apps 19, 45, 87, 120, 130, 186
Aquino, Corazon 198
Artin, Emil 163
Asymmetrie 48, 110, 126, 205 f.

Babbage, Charles 150
Bacall, Aaron *146*
Bal, Hartosh Singh 49
Bari, Nina Karlovna 40, 163
Barn 153
Beal, Andrew 140
Beals-Vermutung 140
Behan, Brendan 219
Bell, Eric Temple 217, 224 Anm. 55
Benford-Verteilung 124 ff.
Beweis 42, 61, 75, 85, 91 ff., 107, 117,
   120, 127, 141, 143 ff., 156 ff., *157*,
   158, 184, 195 f., *196*, 198, 222
   Anm. 11
Bibel 11, 26, 33, 55
Bienen 46 ff., *47*, 127 ff., *128*
Bienenwaben-Vermutung 127
Blyth-Paradoxon 31 f.
Bolzano, Bernhard 190 f.
Bondarenko, Filip S. 177

Boolos, George 74 f.
Borges, Jorge Luis 143
Bourbaki, Nicolas 210
Braille 54, 193
Bremer, Claus 208 f.
Brunvand, Jan Harold 21
Bundesliga 63 f., 103
Bush, George jun. 76
Bush, George sen. 75 f.,
   223 Anm. 30

Cage, John 33
Campbell, Joseph 142
Carroll, Lewis 192
Cayley, Arthur 151
Cheney, Fitch 16
Chesterton, Gilbert Keith 112
Chor Dump 132
Chromosom 223 Anm. 39
Clarkes Drittes Gesetz 76
Clay, Landon T. 138
Closky, Claude 33 f.
Collatz-Vermutung 116 f.
Computer 59, 108, 141 f., 150, 207,
   220
Coxeter, Harold 113, 117

Dalí, Salvador 171
Dantzig, George 21 f.
Darwin, Charles 26, 30
Daumensprung-Methode 130
Definition 11, 51, 54, 144 f., 216
Dershowitz, Alan 69 ff.
Descartes, René 184, 219
Deutscher Meister 64, 79 f.
Dickinson, Emily 223 Anm. 46
Diderot, Denis 213
Dijkstra, Edgar W. 142

DIN 54
Diophant von Alexandria 40
Dirac, Paul 153
DNA 119
Doxiadis, Apostolos 49
Dreier-Regel 187 f.
Duell 26–31, 217

Eheformel 11, 67
Ehrlich, Paul 141
Eignungstest 61 f., 224
137-Cent-Münze 11, 103 f.
196-Problem 120
Einstein, Albert 53, 67, 168, 217, 219
Elfmeter 63, 103, 154
Epstein, Brian 16
Erdös, Paul 61, 210, 212, 221
   Anm. 10
Erdös-Zahl 60
Euler, Leonhard 38, 114, 213 f., *213*,
   219
Eves, Howard 224 Anm. 52
Evolutionstheorie 26
Exegese 11, 55

Fabre, Jean-Henri 52
Fahlman, Scott E. 208
Faustregel 11, 101, 127, 186
Fermat, Pierre de 91, 114, 140, 156,
   182
Fermatsche Zahl 113 f.
Fermats letzter Satz 91 f., 107, 114,
   140, 156, 222 Anm. 11
Feynman, Richard 52
Fibonacci-Zahl 46 ff.
Fischer, Ernst Peter 52
Foshee, Gary 179 f.
Freudenthal, Hans 183
Frey, Gerhard 221 Anm. 11
Fujimori, Alberto 198
Fußball 11, 62 f., 65, 162, 197

Galois, Évariste 62, 217, *218*
Galoistheorie 217
Gardner, Martin 179

Garfield, James 198
Gauß, Carl Friedrich 60, 107, 157,
   183, 213
Gedächtnisakrobatik 43
GEMA 42 f., 221 Anm. 7
Germain, Sophie 107
Gesetz, empirisches 122, 124,
   126
Giorgi, Ennio de 144
Giraudoux, Jean 140
Gleichheitszeichen 38, 208
Gödel, Kurt 75, 144 f., *145*
Goethe, Johann Wolfgang von
   184 f., 223 Anm. 43
Goldener Schnitt 48
Golf 37, 216, 224 Anm. 54
Gott 54, 143 ff., *145*, 214
Gottesbeweis 143 ff., *145*
Gottman, John 67
Grenzwertsatz 164
Growney, JoAnne 137

Haiku 142
Hales, Thomas 127, 129
Hanke, Mike 197
Harder, Günter 221 Anm. 11
Hardy, Godfrey H. 217
Harris, Sidney *51*, 58, *58*, *69*, *73*, *78*,
   102, *195*
Hartog, Sander den 185
Harvard University 21, 65, 98
Heidegger, Martin 12, 39, *39*, 217,
   221 Anm. 6
Hetäre 42
Hilbert, David 49, 163
Himmel 55 f.
Hoeflin, Ronald K. 173
Hole in One 216, 224 Anm. 54
Hölle 55 f.
Hypatia 40, 164

Ibsen, Henrik 219
Infinite-Monkey-Theorem 54
Informatiker 22, 37, 132–135, *133*
IQ-Test 171, *173*

Jalava, Jerry 134
Joyce, James 119, 123, 219

Kahneman, Daniel 109
Kakutani, Shizuo 117
Kalender 182, 203 f., *204*
Kant, Immanuel 41
Kantonesisch 14 f.
Kartentrick 11, 16 ff., 43 f., 87, 211 f.
Kasman, Alex 49
Kepler, Johannes 52
Kierkegaard, Søren 219
Kilowarhol 153
Kimberling, Clark 140
Kimberling-Folge 139 f.
Klein, Felix 41, 163
Knotentheorie 167
Koffein 60, *61*
Korrekturlesen 87, 89, 187
Korrelation 65
Kowalewskaja, Sonja 40, 151, 164
Krebs 107, 150, 216
Kruskal, Martin 87
Kruskal-Zählung 86 f., 174
Kumbundu 114
Kunstfehler 205

Lassiter 54
Leibniz, Gottfried Wilhelm 41, 144, 208
Limerick 22, 224 Anm. 46
Linda-Experiment 109
Logik, aristotelische 191
Loomis, Elisha Scott 195
Lotterie 76, 99 f.
Lotto 6 aus 49 216
Lovelace, Augusta Ada Byron 150

Marktwert 64 f.
Maßeinheit 152 f.
Mathematiker 11, 15, 21, 37, 40, 43, 49 f., 53 f., 60 ff., 103 f., 106 f., 112, 116, 130, 135, 137 f., 149 ff., 155 f., 161, 163 f., 179, 183 ff., 187, 196, 198, 200, 215, 217 f., 220

Mathematikunterricht 35 f.
Matthäus, Lothar 67
Mengenlehre 57 f.
Méré, Chevalier de 182
Meschkowski, Herbert 40
Metzelder, Christoph 197
Millenniums-Problem 138
Miller, Geoffrey 60
Mittring, Gert 25
Modularithmetik 44, 73
Morgan, Augustus de 214
Morgenstern, Christian 219
Mosteller, Frederick 65
Mount Everest 74 f.
Murphy, Edward Aloysius jun. 201, 203
Murphys Gesetz 201 f.

Narwal 110
Nash-Gleichgewicht 28 f.
Negation 71 f., 144, 191
New York Times 70, 76
Newton, Isaak 41, 106
Neyman, Jerzy 21
Nikarete 42
Nobelpreis 224 Anm. 49
Ig-Nobelpreis 138
Noether, Emmy 40, 163 f.

Oberneger 124
Opfer, Gerhard 117
Orwell, George 26
Othegraven, Rainer von 68

Pappus von Alexandria 127
Paradoxon des Fortschritts 167
Paradoxon vom intergalaktischen Reisen 112
Pareto, Vilfredo 126
Pareto-Prinzip 126
Paritätsprinzip 178
Parkinson-Gesetz 108
Pascal, Blaise 131, 182
Passwort 11, 207
Pauling, Linus 203, 224 Anm. 49

Paulos, John Allen 69 ff.
Pechtropfen-Experiment 137
Perscheid, Martin *129*
Peter-Prinzip 108
Phobie 114, 165 f.
Physics World 38
Pi 15, 60 f., 130, 168, 172
Picasso, Pablo 142, 219
Platon 54
Präsident 62, 75, 103, 125, 198 ff.
Primzahl 60, 107, 114, 119, 140, 207, 214
Principia Mathematica Philosophia 41
Problemlösen 22, *23*, 148
Programmierer 37, 147, 149 f., 207
Proklamation 76
Pythagoräer 42

Queneau, Raymond 209 f.

Ratzinger, Kardinal 57
Rechenschwäche 131
Recorde, Robert 208
Reinhardt, Anna Barbara 107
Rose, Colin 51
Rouse Ball, Walter 113
Ruge, Nina 202
Russell, Bertrand 184 f.

Saitoti, George 199
Satz des Pythagoras 61, 195 f., *195, 196*, 198
Satz, selbstbezüglich 59, 190–193
Sauerland 124, 222 Anm. 26
Schach 15, 80, 177
Scherzerklärung 74
Schiefschnabelregenpfeifer 111, *111*
Schlussklausur 98
Schnellrechnen 11, 23 ff.
Schönberg, Arnold 165
Schopenhauer, Arthur 118, 184, 221 Anm. 6
Schott, Ben 185
Schulz, Axel 67

Schulz, Dutch 219
Schwarzes Loch 115 f.
Scott, Charlotte Angus 151
Shakespeare, William 54, 72
Shallit, Jeffrey 103 f.
Sick, Bastian 73
signifikant 103, 199, 201
Simpson, O. J. 69 ff.
Sleight, Erwin Roscow 52
Sonett 189, 209 f.
Spiel, St. Petersburger 193
Spiel, Stuttgarter 194
Stasse, Heinrich 142
Statistik 85, 93 f., 108, 167, 185, 221 Anm. 7
Stochastik 164
Stoiber, Edmund 48, 159
Strahlungsgesetz 55
Strategie 27 ff., 181
Sullivan, Roy 77
Suri, Gaurav 49
Symmetrie 66, 85, 110
Szekeres, George 210, 212

Take-a-Dozen-Regel 160
Temperatur, gefühlte 11, 19 f.
Temperatur, tatsächliche 11, 19 f.
Tennant, Rich *133*
Tesserakt 169 ff., *169, 170*, 189
Teufel, Erwin 57
Thaves, Tom *136*
The London Times 210
Theorem vom Trost 224 Anm. 50
Thomas, Scarlett 49
Thompson, Robert *173*
Thwaites, Sir Bryan 117
Tod 13, 37, 56, 93, 166 f., 200, 216–219
Tonnier de Bretuil, Gabrielle Émilie Le 41
Topologie 154 f., 199
Trapatoni, Giovanni 223 Anm. 33
Triell 26, 28, 30
Tropf, Alexander 105
Tversky, Amos 109

Uhrentrick 173 f.
Ulam, Stanislaw 222 Anm. 24
Ulysses 123
unendlich 37, 54, 101, 193 f., 215 f.
Unschärferelation 108
Urban legend 21, 98

Valera, Eamon de 198
Venn-Diagramm 58
Vespasian 218
Villa, Pancho 218
Vinci, Leonardo da 219
Vollständigkeitssatz 75, 189

Wahlfälschung 125
Wahrscheinlichkeit 26–29, 31 f.,
    42 f., 63, 68, 70 f., 76 f., 79, 85–88,
    109, 124 ff., 165 f., 174, 179–183,
    186 ff., 194, 197, 199, 202, 216,
    223 Anm. 39 +41 +42
Walisisch 185 f.
Warhol, Andy 153
Washington Post 148
Weierstraß, Karl 151

Wiles, Andrew 92 f., 140 f., 156
Windchill 19 f.
Witz 11, 149, 175
Wolfskehl, Paul 91
Würfel 31 ff., 46, 164 f., 169 f., *170,*
    182

Young, Grace Emily Chisholm 40 f.
Young, William Henry 41

Zahl, glückliche 119, 222 Anm. 24
Zahl, narzisstische 50 f.
Zahl, wild-narzisstische 51
Zahlenästhetik 51
Zahlenkunde 15
Zahlenmystik 13
Zaubertrick 86, 210 f.
Zen 33, 99
Zipfsches Gesetz 122 f., 126
Zufall 26, 43, 49, 63, 66, 74, 85 f., 99,
    120, 164, 182, 199
Zufallszählen 120
Zwölfersystem 132
Zwölftonmusik 165

Christian Hesse bei C.H.Beck

Das kleine Einmaleins des klaren Denkens

22 Denkwerkzeuge für ein besseres Leben
3., durchgesehene Auflage. 2010
352 Seiten mit 117 Abbildungen. Paperback
(Beck'sche Reihe Band 1888)

Warum Mathematik glücklich macht

151 verblüffende Geschichten
3., durchgesehene Auflage. 2011
346 Seiten mit 93 Abbildungen. Pappband
(Beck'sche Reihe Band 1908)

Achtung Denkfalle!

Die erstaunlichsten Alltagsirrtümer und
wie man sie durchschaut
2011. 224 Seiten mit 61 Abbildungen und
35 Tabellen. Gebunden

Verlag C.H.Beck

Populäre Mathematik bei C.H.Beck

Albrecht Beutelspachers

Kleines Mathematikum

Die 101 wichtigsten Fragen und Antworten zur Mathematik
3., durchgesehene Auflage. 2010. 189 Seiten mit
10 Abbildungen. Halbleinen

Keith Devlin

Pascal, Fermat und die Berechnung des Glücks

Eine Reise in die Geschichte der Mathematik
Aus dem Englischen von Enrico Heinemann
2009. 205 Seiten mit 13 Abbildungen. Gebunden

Heinrich Hemme

Kopfnuss

101 Mathematische Rätsel aus vier Jahrtausenden und
fünf Kontinenten
2012. 143 Seiten mit zahlreichen Abbildungen. Paperback
(Beck'sche Reihe Band 6063)

Thomas Rießinger

Wetten, dass Sie Mathe können

2. Auflage. 2007. 192 Seiten mit 9 Abbildungen. Paperback
(Beck'sche Reihe Band 1712)

Marcus du Sautoy

Eine mathematische Mysterietour durch unser Leben

Aus dem Englischen von Stephan Gebauer
2011. 318 Seiten mit 125 Abbildungen. Gebunden

Verlag C.H.Beck